SOLO, PESSOAS E PLANETA

1ª EDIÇÃO

Editores: Cristina Cruz • Teresa Dias • Alessandro Ramos

Title: SOLO, PESSOAS E PLANETA

1ª EDIÇÃO

ISBN: 979-8-89248-865-5

Author: Editores: Cristina Cruz • Teresa Dias • Alessandro Ramos

Cover image: Alessandro Ramos

Publisher: Generis Publishing
Online orders: www.generis-publishing.com
Contact email: info@generis-publishing.com

Editores:

CRISTINA CRUZ

TERESA DIAS

ALESSANDRO RAMOS

SOLO, PESSOAS E PLANETA

1ª EDIÇÃO

Sumário

Prefácio

Ao fazer parte da primeira geração de cidadãos em que são mais os que vivem na cidade do que os que vivem no campo, tornou-se evidente a necessidade de alertar a sociedade para a relevância do solo como sistema de suporte de vida. O conceito de "um planeta uma saúde" expressa, mesmo que de forma inconsciente, a interdependência entre solo, pessoas e planeta e a interdependência fundamental entre estes compartimentos que sustenta a vida no nosso planeta. Esses elementos estão intrinsecamente ligados de várias formas, e as suas relações desempenham um papel crucial na ecologia global, na agricultura, na saúde humana e no equilíbrio e resiliência dos ecossistemas. Os solos são indispensáveis para a segurança alimentar, o ciclo de nutrientes, a qualidade da água e do ar, a regulação do clima, a preservação da biodiversidade, paisagens e *habitat*, e atividades culturais entre outras.

O objetivo deste livro é alertar para a forma como as ações das pessoas em relação à gestão e conservação do solo têm um impacto direto na saúde do planeta e na qualidade de vida das gerações presentes e futuras. Contribuir para esse reconhecimento e respeitar essa interdependência é essencial para garantir um futuro sustentável.

A iniciativa deste trabalho surgiu no contexto do projeto SOILdarity *(hh://www.soildarity.eu)* com base nos *12 fact sheets* produzidos. O objetivo é comunicar de forma simples, mas informativa, a relevância que o solo tem para a vida da humanidade no planeta. Uma vez demonstrada a centralidade do solo nas nossas vidas (Capítulo 1) é preciso conhecer as recomendações e os instrumentos disponíveis para o proteger, e daí a necessidade de entender o contexto do solo na política europeia (Capítulo 2). Sendo o solo tão importante é crucial perceber como responde à forma como é tratado e daí a necessidade de monitorar o solo, mas monitorar o quê, quando e porquê. Estas são questões fundamentais tratadas nos Capítulos 3-6. Quando se fala de solo, há sempre a tendência para recuar no tempo e pensar de uma forma nostálgica. No entanto, é no futuro que viveremos e é esse futuro que precisa ser preparado. Portanto, é nosso dever utilizar as técnicas disponíveis para otimizar a sustentabilidade dos ecossistemas, especialmente dos agrossistemas, além de promover a confiança dos agricultores por meio de exemplos de como as diversas técnicas podem ser combinadas (Capítulos 7-9). Por último é importante perceber como a academia e a sociedade podem influenciar para criar o maior impacto possível a partir do conhecimento gerado (Capítulos 10-12).

SOLO, PESSOAS E PLANETA

CAPÍTULO 1

O solo e os serviços do ecossistema

Autores: Teresa Dias[1], Cristina Cruz[1]

1 cE3c - Center for Ecology, Evolution and Environmental Changes & CHANGE - Global Change and Sustainability Instituto, Faculdade de Ciências da Universidade de Lisboa, Edifício C2, Piso 5, Sala 2.5.03, Campo Grande, 749-016 Lisboa, Portugal.

Há muito tempo que as sociedades humanas estão cientes de sua dependência dos bens e serviços fornecidos pela natureza, especialmente alimentos, combustíveis e fibras. Nos últimos tempos, o valor de serviços menos tangíveis, como controle climático, filtragem de água, fertilidade do solo, bem como serviços recreativos e culturais, tornou-se mais evidente e perceptível pela sociedade. À medida que se aprofunda a compreensão sobre a dependência humana dos processos naturais em várias escalas temporais e espaciais, também aumenta a necessidade de medir e valorizar esses "serviços do ecossistema" dentro de contornos econômicas e de gestão.

Conceitos Chave
Ecossistemas, Biodiversidade e Resiliência

Um **ecossistema** é uma comunidade dinâmica que compreende populações de plantas, animais, fungos, microrganismos e o ambiente não vivo em interação formando uma unidade funcional. Fatores ambientais, como tipo de solo, posição na paisagem, clima e disponibilidade hídrica, determinam a presença e distribuição dos ecossistemas. Os principais insumos para os ecossistemas são luz solar, solo, nutrientes e água, enquanto os resíduos de uma parte do sistema formam os susbtratos para outras partes. Um resultado importante é a regeneração da biomassa (ou vida baseada em carbono). Um ecossistema funciona através do ciclo contínuo de energia e materiais através de organismos vivos que crescem, se reproduzem e depois morrem. Este ciclo de energia e materiais através de organismos vivos evoluiu em resposta a um conjunto de perturbações (incêndios ou inundações), tensões (secas ou doenças) e interações ecológicas (competição ou predação) ao longo de milhões de anos. Mudanças recentes na frequência e intensidade dessas perturbações e tensões levantam questões importantes sobre a capacidade das espécies e dos ecossistemas sobreviverem e adaptarem-se. Quando os ecossistemas são modificados para atender às necessidades da sociedade, muitas vezes requerem insumos adicionais, como fertilizantes, pesticidas ou combustível, que podem ser benéficos ou prejudiciais. Os benefícios podem incluir a produção de mercadorias, enquanto a lixiviação de nutrientes ou pesticidas pode contaminar a água diminuindo a sua qualidade. Vilas e cidades também podem ser vistas como ecossistemas modificados e dominados pelo homem que requerem fluxos de insumos dos quais energia, água e materiais são extraídos e usados para apoiar o bem-estar e a cultura humanos, enquanto produzem fluxos de resíduos concentrados que são desintoxicados e absorvidos pela natureza. Os esforços para aumentar a reutilização e a reciclagem de resíduos podem ser vistos como uma mudança dos ecossistemas para uma forma mais cíclica, mais próxima do padrão dos ecossistemas naturais.

Biodiversidade – o motor dos serviços do ecossistema

A **biodiversidade** – compreendendo animais, plantas, fungos e microrganismos, a sua diversidade genética e organização em populações que se agrupam em ecossistemas – é fundamental para o fornecimento de serviços do ecossistema. A diversidade de organismos é a fonte direta de muitos serviços, como alimentos e fibras, além de sustentar outros, como água e ar limpos, por meio do papel dos organismos nos ciclos de energia e materiais. As alterações e a perda de biodiversidade influenciam diretamente a capacidade de um ecossistema de produzir e fornecer serviços essenciais e podem afetar a capacidade de longo prazo dos sistemas ecológicos, econômicos e sociais de se adaptarem e responderem às alterações globais.

Na natureza há um equilíbrio entre biodiversidade, resiliência e a produção de serviços de ecossistema. Este equilíbrio é complexo e objeto de muita investigação ativa e debate científico contínuo (Ridder 2008, Haberl et al. 2005). Algumas questões-chave incluem:

- A combinação de espécies claramente importa na determinação da capacidade de um ecossistema para produzir serviços. Conservar ou restaurar a estrutura e, portanto, o funcionamento dos ecossistemas é fundamental para manter os serviços do ecossistema. Os vários componentes estruturais dos ecossistemas mudam a diferentes velocidades e escalas sob diferentes perturbações ou tensões, mas manter a estrutura subjacente é vital.

- O grau de riqueza da biodiversidade necessário para manter a produção de serviços do ecossistema é menos claro. Os ecossistemas geralmente incluem espécies com um grau de redundância ou duplicação funcional. No entanto, isso não torna essas espécies dispensáveis ou substituíveis, pois a diversidade de espécies perdidas é geralmente difícil ou impossível de substituir. Portanto, reter a riqueza da biodiversidade provavelmente fornecerá um seguro natural contra a perda de serviços ao longo do tempo.

Muitos serviços do ecossistema não são gerados por apenas um ecossistema. A água, por exemplo, flui e é afetada por muitos ecossistemas, cada um dos quais precisa ser funcionalmente saudável para regular a qualidade e o volume da água. Ecossistemas modificados podem fornecer serviços de produção, como alimentos e fibras, embora a produtividade dependa da continuação dos serviços de ecossistema subjacentes. À medida que os ecossistemas são modificados para produzir serviços, combinado com intervenções específicas de gestão, o uso adicional de fertilizantes, herbicidas, inseticidas e água torna-se importante quando se considera a manutenção de todos os serviços do ecossistema ao longo prazo. Um foco contínuo em alguns serviços (por exemplo, alimentos) em detrimento de outros (por exemplo, formação do solo ou reciclagem de nutrientes) pode eventualmente comprometer o funcionamento e, portanto, a sustentabilidade dos ecossistemas que fornecem esses serviços. O papel da biodiversidade na manutenção de serviços essenciais em paisagens modificadas pelo homem é frequentemente pouco compreendido e subestimado. Pequenos trechos de vegetação nativa podem fornecer importantes serviços de ecossistema, funcionando como refúgios (áreas de sobrevivência durante condições desfavoráveis), fontes de dispersão ou inclusive como trampolim para trechos maiores. Por exemplo, tem sido sugerido que tais remanescentes podem funcionar como um refúgio e fonte para especialistas em pastagens, facilitando a restauração e conservação de pastagens à escala de paisagem. Os remanescentes de florestas dentro de paisagens agrícolas são considerados essenciais como fonte de sementes para a regeneração de ecossistemas florestais (Michaels et al. 2008). Os ecossistemas modificados são geralmente ecologicamente mais simples e, portanto, têm menos resiliência a pressões externas (por exemplo, variações no clima) do que os ecossistemas complexos. Assim, têm um maior risco de falha ou uma maior necessidade de aumento de insumos artificiais para manter a prestação de serviços a longo prazo (Walker e Salt 2006). No entanto, é necessário não esquecer que o estado atual de um ecossistema não fornece necessariamente uma indicação sobre o seu estado futuro, especialmente em face de mudanças ou eventos extremos (Fischer et al. 2006).

Resiliência – a chave para sustentar os serviços do ecossistema

A **resiliência** descreve a capacidade de um sistema de manter o seu equilíbrio diante de impactos ou pressões que surgem de interações ou eventos naturais ou causados pelo homem. 'Resiliência' vem da palavra latina *resilire*, que significa 'voltar' após a adversidade. Um sistema resiliente tem a capacidade de absorver distúrbios e essencialmente reter a mesma função, estrutura e feedbacks. O conceito de resiliência é frequentemente aplicado a sistemas sociais e ecológicos em que as pessoas e o meio ambiente estão ligados. A resiliência não é um estado estático, não implica indestrutibilidade e tem uma relação estreita com o conceito de "saúde", sendo igualmente difícil de definir. Um sistema pode ter a capacidade de ser resiliente a condições alteradas, mas pode chegar a um ponto em que é vulnerável ao declínio ou mesmo ao colapso porque a taxa e a escala da mudança são muito grandes ou porque o sistema atinge um limite em que seus processos essenciais são mudados.

Uma analogia simples para descrever a resiliência é a roda da bicicleta. Uma roda pode dar-se ao luxo de perder alguns raios e ainda funcionar, embora não de maneira ideal, mas uma vez que um número limite de raios foi perdido, a roda não funcionará mais com eficiência e pode representar um perigo para o ciclista. Sistemas complexos podem ter milhares de "rodas" e o mau funcionamento de uma delas passará pressão para as outras; muitas vezes as rodas com as funções mais vitais são tão pequenas que são quase indiscerníveis. Se a bicicleta percorrer uma estrada onde o número de buracos à frente é difícil de prever, as rodas com menos raios falharão mais cedo.

A resiliência do ecossistema é considerada um produto da diversidade de grupos funcionais do ecossistema, da diversidade de espécies dentro desses grupos funcionais e da diversidade dentro de espécies e populações (Folke et al. 2004). Esses diferentes aspectos da biodiversidade mantêm fenômenos, fluxos e processos ecológicos e evolutivos num espectro de escalas locais e globais. Por exemplo, a presença de espécies predadoras de alta ordem pode tornar um ecossistema menos suscetível a uma nova espécie invasora, enquanto a presença de múltiplas espécies que cumprem funções semelhantes aumenta o potencial para diferentes respostas à modificação humana da paisagem e outras mudanças globais (Walker e Salt 2006, Fischer et al. 2006).

A conectividade – a exigência de proximidade

A **conectividade** é um conceito-chave quando se pensa em reter e vincular serviços do ecossistema que mantêm a resiliência (Crooks & Sanjayan 2006). À medida que as paisagens naturais são transformadas para o desenvolvimento, as áreas remanescentes ficam isoladas dos fluxos ecológico e genético entre os habitats. Inevitavelmente, a combinação de serviços do ecossistema é reduzida e a resiliência geral da paisagem é enfraquecida. Conservar a biodiversidade remanescente, construir conectividade e restaurar ecossistemas esgotados são estratégias sábias para fortalecer a resiliência de longo prazo, garantindo assim o fornecimento contínuo de serviços do ecossistema no futuro.

Identificação dos Serviços do Ecossistema

Os serviços do ecossistema são os muitos e variados benefícios que as pessoas obtêm dos ecossistemas. Em 2005, a Avaliação do Ecossistema do Milênio identificou e categorizou os ecossistemas e seus serviços resultantes, os vínculos entre esses serviços e as sociedades humanas e os condutores diretos e indiretos e os ciclos de feedback (Figura 1). Foram identificadas quatro categorias:

- serviços de provisão, como alimentos e água

- serviços de regulação, como controle de enchentes e doenças

- serviços de suporte, como ciclagem de nutrientes, que mantêm as condições de vida na Terra, e

- serviços culturais, como benefícios espirituais, recreativos e culturais.

Estas categorias são úteis para identificar e analisar o conjunto completo de serviços do ecossistema disponíveis em qualquer área geográfica. Também ajuda a entender a complexidade das dependências, feedbacks e compensações entre serviços e beneficiários humanos e pode fornecer informações úteis para a tomada de decisões:

- identificar e classificar explicitamente os benefícios que as pessoas obtêm dos ecossistemas, incluindo benefícios mercantis e não mercantis, uso e não uso, benefícios tangíveis e intangíveis

- descrevendo e comunicando esses benefícios em conceitos e linguagem que as pessoas possam entender

- fazer e tentar responder questões ecológicas, econômicas e sociais para melhorar a gestão sustentável dos ecossistemas e o bem-estar humano.

Serviços de provisão
- Alimento, energia, fibra
- Recursos genéticos
- Nutrientes
- Água

Serviços culturais
- Valores espirituais e religiosos
- Noção de sistema e espaço
- Educação e inspiração
- Recreio e valores estéticos

Serviços de regulação
- Resistência à invasão
- Polinização
- Regulação climática
- Regulação de doenças
- Proteção contra intempéries
- Purificação da água
- Herbivoria
- Dispersão das sementes
- Regulação de pestes
- Regulação da erosão

Serviços de suporte
- Produção primária
- Habitat
- Reciclagem de nutrientes
- Produção de oxigênio
- Reciclagem da água

Ecossistemas

Figura 1: Representação esquemática das várias categorias de serviços de ecossistema.

Fonte: Elaborada pelas autoras.

Valorar os serviços do ecossistema

A biodiversidade e os serviços do ecossistema associados podem ser considerados como capital natural. Uma medida dos intangíveis da comunidade, como redes, atividades culturais, confiança, compromisso com o bem-estar local e valores compartilhados, e capital físico, que é o resultado de investimentos anteriores na conversão de componentes do capital natural através da construção e manutenção, por ex. infra-estrutura (Beeton 2006). O conjunto desses tipos de capital forma a base da riqueza de uma nação. Embora muitos benefícios dos serviços do ecossistema fluam direta ou indiretamente para os mercados, o custo ambiental total do fornecimento desses serviços geralmente não é incluído nos sinais de preços de mercado. Se um serviço do ecossistema for considerado "gratuito", não haverá incentivo para valorizar seu papel ou uso específico. Portanto, a desvalorização de muitos serviços do ecossistema e a valorização de apenas uma estreita gama de serviços levou a padrões de uso insustentável de recursos, resultando em degradação ambiental. Apesar das primeiras indicações do seu enorme valor econômico, os ecossistemas continuam a ser perdidos. A falta de dados concretos sobre o valor real dos serviços de determinados ecossistemas dificulta a incorporação de valor nas decisões empresariais e governamentais. Além disso, mesmo quando um valor pode ser estimado com credibilidade, muitas vezes é uma externalidade – um custo ou benefício para a sociedade como um todo, e não para os indivíduos ou empresas responsáveis – portanto, há pouco incentivo para esses atores cuidarem das espécies.

- **Produção agrícola:** O valor da produção agrícola sustentada para solos saudáveis pode ser estimado avaliando o valor de mercado das culturas produzidas. Isso inclui o valor dos produtos agrícolas e os benefícios econômicos para agricultores e comunidades.

- **Regulação e Filtração da Água:** O valor dos serviços fornecidos pelo solo pode ser estimado calculando os custos que seriam incorridos se o tratamento da água e a infraestrutura de controle de enchentes fossem necessários.

- **Sequestro de Carbono:** O valor pode ser estimado com base no custo social do carbono, que reflete o dano econômico associado a cada tonelada de dióxido de carbono emitida para a atmosfera. O papel do solo no sequestro de carbono ajuda a compensar esses danos.

- **Prevenção da erosão:** O valor pode ser estimado avaliando os custos que seriam incorridos para mitigar a erosão e a sedimentação, como a dragagem de rios e a manutenção da infraestrutura.

- **Suporte à biodiversidade:** O valor do pode ser estimado através do conceito de "valor de existência", que representa a disposição das pessoas de pagar para garantir a existência de diversos ecossistemas, mesmo que não os usem diretamente.

- **Recreação e valor estético:** O valor dos espaços recreativos e das paisagens esteticamente agradáveis pode ser estimado por meio de estudos que medem quanto dinheiro as pessoas estão dispostas a pagar pelo acesso a áreas naturais e paisagens cênicas.

- **Fontes de matéria-prima:** O valor do solo como fonte de matéria-prima pode ser estimado com base nos preços de mercado de materiais extraídos como argila, areia e minerais.

- **Valor cultural e histórico:** O valor cultural e histórico de paisagens relacionadas ao solo pode ser avaliado por meio de métodos como avaliação contingente, que mede a disposição das pessoas de pagar pela preservação de áreas culturalmente significativas.

É importante observar que, embora atribuir valores monetários aos serviços do ecossistema do solo possa ser informativo para a tomada de decisões, alguns serviços são difíceis de quantificar em termos monetários devido aos seus valores intrínsecos ou não comerciais. Além disso, o valor dos serviços do ecossistema do solo pode variar entre diferentes partes interessadas e culturas. Esforços estão sendo feitos para desenvolver métodos padronizados para avaliar os serviços do ecossistema, mas não há uma abordagem única para todos. Esforços colaborativos entre economistas, ecologistas, formuladores de políticas e comunidades locais são importantes para avaliar com precisão o valor dos serviços do ecossistema do solo em diferentes contextos.

Até agora, os serviços do ecossistema mais valorizados eram aqueles diretamente acessíveis e facilmente mensuráveis. Isso está mudando à medida que aumenta a conscientização sobre a importância de outros serviços e à medida que alguns serviços anteriormente não percecionados estão entrando nos mercados.

- **Fornecimento de serviços** (principalmente alimentos e fibras) juntamente com os serviços de suporte que precisam ser substituídos para que esses serviços continuem a fluir, por exemplo, fertilizantes para substituir a fertilidade natural do solo, pesticidas para substituir o controle natural de pragas, há muito foram incluídos na economia de mercado.

- **Regulação de serviços** onde alguns desses serviços, por ex. regulação de pragas, dispersão de sementes, regulação de doenças e regulação da erosão, foram fornecidos artificialmente e contabilizados como custos de produção. Outros serviços, como o controle climático, estiveram fora do mercado, mas agora estão sendo precificados e integrados aos mercados, o mais notável é o sequestro de carbono.

- **Serviços de apoio** tradicionalmente pouco valorizados, embora sua importância tenha sido reconhecida por meio de investimentos governamentais na conservação do solo e da biodiversidade. Outros, como água para fluxos ambientais, são assunto de mercados emergentes.

- **Os serviços culturais** incluem o conhecimento do país e do lugar, o que é importante para os povos indígenas. Outro exemplo é o turismo baseado na natureza, que tem um valor econômico significativo. No entanto, muitos serviços culturais, embora claramente valorizados, não foram explicitamente precificados ou incluídos nos mercados.

À medida que os mercados para uma gama mais ampla de serviços do ecossitema se desenvolvem, novas questões surgirão, incluindo a garantia de uma gama de compradores para serviços do ecossistema, identificação e engajamento de vendedores de serviços do ecossistema.

Serviços do ecossistema prestados pelo solo

O solo fornece uma ampla gama de serviços do ecossistema (Figura 2) essenciais para sustentar a vida, manter o equilíbrio ecológico e contribuir para o bem-estar humano. Esses serviços surgem das complexas interações entre solo, plantas, microrganismos e o meio ambiente. Alguns dos principais serviços do ecossistema fornecidos pelo solo são:

- **Reciclagem de nutrientes**: O solo desempenha um papel crucial na reciclagem de nutrientes, armazenando, liberando e reciclando nutrientes essenciais como nitrogênio, fósforo e potássio. Estes ciclos suportam o crescimento das plantas e sustentam as teias alimentares dentro dos ecossistemas.

- **Crescimento e produtividade das plantas**: o solo serve como um meio para o crescimento das plantas, fornecendo suporte físico, retenção de água e nutrientes essenciais. Solos saudáveis com boa estrutura e fertilidade suportam altos rendimentos agrícolas e crescimento natural da vegetação.

- **Regulação da água:** O solo atua como um reservatório natural, regulando o fluxo da água. Ele absorve e armazena a chuva, reduzindo o risco de inundações e erosão, liberando a água lentamente, e mantendo a vazão estável durante os períodos de seca.

- **Filtração da água:** o solo atua como um filtro, purificando a água à medida que ela percola pelo perfil do solo. Partículas e microrganismos do solo ajudam a remover contaminantes e poluentes, melhorando a qualidade da água em aquíferos e corpos da água.

- **Sequestro de carbono**: Os solos armazenam grandes quantidades de carbono na forma de matéria orgânica. Práticas adequadas de gestão e conservação do solo aumentam o sequestro de carbono, ajudando a mitigar as mudanças climáticas ao reduzir os níveis de dióxido de carbono atmosférico.

- **Suporte à biodiversidade:** O solo fornece habitat e recursos para uma grande variedade de organismos, incluindo microrganismos, insetos, vermes e raízes de plantas. Solos saudáveis sustentam diversos ecossistemas e contribuem para a conservação da biodiversidade.

- **Habitat e abrigo:** O solo fornece habitats para vários organismos, incluindo animais escavadores e insetos. Também serve como substrato para as raízes das plantas, que criam abrigo e habitat para os organismos que vivem no solo.

- **Reciclagem biológica**: O solo abriga uma complexa teia de microrganismos que decompõem a matéria orgânica e reciclam nutrientes, contribuindo para a decomposição de plantas e animais mortos e enriquecendo o solo com elementos essenciais.

- **Prevenção da erosão**: A cobertura vegetal e a matéria orgânica do solo ajudam a unir as partículas do solo, evitando a erosão do solo pelo vento e pela água. As práticas de conservação do solo reduzem ainda mais os riscos de erosão.

- **Valor cultural e estético**: As paisagens do solo contribuem para o valor cultural e estético dos ambientes. Os solos moldam as características físicas das paisagens e influenciam as práticas culturais e as decisões de uso da terra.

- **Recreação e turismo**: O solo desempenha um papel no fornecimento de espaços para atividades recreativas ao ar livre, como caminhadas, camping e jardinagem. Os solos também podem influenciar a atratividade dos destinos turísticos.

- **Fontes de matéria-prima**: o solo fornece recursos como argila, areia e minerais usados na construção, cerâmica e outras indústrias.

Figura 2: Representação esquemática da contribuição dos solos para os serviços do ecossistema.

Fonte: Centro de Gestão e Estudos Estratégicos - CGEE. https://catalogo-sbn-oics.cgee.org.br/capitulos/conhecendo-e-entendendo-sbn/.

Mas a forma como cada um dos serviços do ecossistema é considerado como essencial depende da atividade desenvolvida (Tabela 1).

TABELA 1: PRIORIDADES PARA OS SERVIÇOS DE ECOSSISTEMA DE ACORDO COM ALGUMAS ATIVIDADES

Serviços do ecossistema	Produção de leite	Frutas e vinhas	Vegetais	Pastagens	Cereais	Produção animal intensiva	Floresta	Processamento alimentar	Habitação	Produção hídrica	Recreação	Cultura/recreio
Polinização	✓		✓	✓	✓	✓	✓	✓	✓	✓	✓	✓
Biodiversidade		✓	✓		✓	✓	✓	✓		✓	✓	
Regulação climática			✓	✓	✓		✓		✓	✓	✓	✓
Controle de pestes	✓					✓	✓	✓	✓	✓	✓	✓
Recursos genéticos	✓	✓	✓		✓	✓	✓	✓	✓	✓	✓	✓
Habitat	✓				✓	✓	✓			✓		
Sombras e abrigos			✓			✓	✓	✓		✓	✓	✓
Saúde do solo						✓	✓	✓	✓	✓	✓	✓
Manutenção de cursos de água			✓		✓	✓			✓			✓
Filtração de água e erosão	✓	✓				✓	✓	✓	✓		✓	✓
Regulação da água subterrânea			✓	✓		✓	✓	✓	✓			✓
Degradação de contaminações							✓					✓

Referências

Beeton RJS (2006) 'Society's forms of capital: A framework for renewing our thinking'. Paper prepared for the 2006 Australian State of the Environment Committee, Department of the Environment and Heritage, Canberra. https://www.environment.gov.au/soe/2006/publications/emerging/capital/index.html.

Crooks KR, Sanjayan M (eds) (2006) Connectivity Conservation, Conservation Biology 14, Cambridge University Press.

Fischer J, Lindenmayer DB, Manning AD (2006) Biodiversity, ecosystem function, and resilience: ten guiding principles for commodity production landscapes. Front. Ecol. Environment 4(2): 80–86.

Folke C, Carpenter S, Walker B, Scheffer M, Elmqvist T, Gunderson L, Holling CS (2004) Regime shifts, resilience, and biodiversity in ecosystem management. Annual Review of Ecology, Evolution and Systematics 35: 557–581.

Haberl H, Erb K-H, Plutzar C (2005) The utility of HANPP as an indicator of socio-economic pressures on biodiversity. International Human Dimension Programme on Global Environmental Change Open Meeting 2005 Session Biodiversity Conservation. http://www.iff.ac.at/socec.

Michaels K, Lacey M, Norton T, Williams J (2008) Vegetation futures for tasmania. Veg Futures Conference, Toowoomba.

Millennium Ecosystem Assessment (2005) Ecosystems and human well-being: our human planet: summary for decision makers. The Millennium Ecosystem Assessment Series. Washington DC: Island Press.

Ridder B (2008) Questioning the ecosystem services argument for biodiversity conservation. Biodiversity and Conservation 17(4): 781–790.

Walker B, Salt D (2006) Resilience thinking – Sustaining ecosystems and people in a changing world. Washington DC: Island Press.

CAPÍTULO 2

A política dos solos

Autores: Ana Maria Ventura[1], Cristina Cruz[1]

1 cE3c - Center for Ecology, Evolution and Environmental Changes & CHANGE - Global Change and Sustainability Instituto, Faculdade de Ciências da Universidade de Lisboa, Edifício C2, Piso 5, Sala 2.5.03, Campo Grande, 749-016 Lisboa, Portugal.

Um dos principais resultados da Estratégia para a Biodiversidade e do Green Deal da União Europeia foi o lançamento da estratégia para o Solo para 2030 que considera que proteção, uso sustentável e restauração do solo devem tornar-se o novo normal. Uma ação urgente e uma proposta legislativa sobre a saúde do solo, o aumento da investigação e a mobilização da participação da sociedade e dos recursos financeiros permitirão tornar os solos e os ecossistemas mais resilientes e saudáveis até 2050.

A Estratégia Europeia para os solos estabelece um quadro com medidas concretas para proteção, restauração e uso sustentável dos solos e propõe um conjunto de medidas voluntárias e juridicamente vinculativas. Esta estratégia visa aumentar o carbono do solo em terras agrícolas, combater a desertificação, restaurar terras e solos degradados e garantir que até 2050, todos os ecossistemas do solo estejam em condições saudáveis. A estratégia alerta para o fato de que poucas pessoas sabem que os solos saudáveis abrigam mais de 25% de toda a biodiversidade do planeta e são a base das cadeias alimentares que nutrem a humanidade e a biodiversidade acima do solo (FAO, 2024). Os solos também são o maior reservatório de carbono terrestre do planeta, e o carbono é essencial na regulação da temperatura na Terra, portanto, um elemento vital para todas as formas de vida.

Apesar do fato de que 70% dos solos estão em más condições, espera-se que os solos alimentem e filtrem a água potável adequada para o consumo de uma população global de quase 10 bilhões de pessoas até 2050 (World Resources Institute, 2024).

Três objetivos principais

A estratégia da União Europeia para o solo define três objetivos principais:

■ Todos os ecossistemas do solo da UE são saudáveis e mais resilientes e podem, portanto, continuar a prestar os seus serviços essenciais.

■ Não há ocupação líquida da terra e a poluição do solo é reduzida a níveis que não são mais prejudiciais à saúde das pessoas ou aos ecossistemas.

■ Proteger solos, geri-los de forma sustentável e restaurar solos degradados é o padrão comum.

O quadro de ação definido na estratégia para os solos considera quatro áreas principais de ação:

■ O solo como solução chave para os nossos grandes desafios,

■ Prevenir o solo e a degradação da terra e restaurar solos saudáveis,

■ A necessidade de saber mais sobre os solos e, finalmente,

■ Permitir a transição para solos saudáveis.

Entre as principais ações para atingir os objetivos está o reconhecimento da necessidade de aumentar a investigação, o conhecimento, a obtenção de dados e o monitoramento do solo (Figura 1).

Figura 1: Componentes da estratégia para os solos da União Europeia
Fonte: Elaborada pelas autoras.

A partir de agora a proteção do solo não é apenas responsabilidade dos Estados-Membro da União Europeia, e para tal, a Comissão apresentou uma Lei Europeia de Saúde do Solo focada no princípio que os solos precisam ser pensados da mesma forma que abordamos o ar limpo ou a água potável. Solos saudáveis são a base da vida, e sua proteção total e legal é desesperadamente necessária para atingir as metas da União Europeia sobre mudanças climáticas, biodiversidade, segurança alimentar e proteção da água. No entanto, a Política Agrícola Comum continua a encorajar práticas agrícolas intensivas de uso do solo, sendo urgente conciliar a política de proteção do solo com a da agricultura.

A Comissão Europeia propôs a primeira lei do solo do continente, destinada a desfazer alguns dos danos causados pela agricultura intensiva e mitigar o aquecimento global. No meio da intensa oposição às propostas de lei sobre restauração da natureza e restrições a pesticidas, a Comissão Europeia apresentou propostas para recuperar os solos degradados, o que pode ajudar a absorver o carbono da atmosfera e garantir a produção sustentável de alimentos. A lei prevê que os Estados-membro monitorem a saúde dos solos, o uso de fertilizantes e a erosão, mas fica aquém das metas nacionais para melhorar a qualidade do solo.

A lei não tem metas juridicamente vinculativas, mas abre caminho para oportunidades adicionais de rendimento para agricultores e proprietários de terras por meio de um esquema de certificação voluntária para a saúde do solo e fortes sinergias com o cultivo de carbono e pagamentos por serviços do ecossistema. O uso do solo é a segunda maior fonte de emissões de gases de efeito estufa depois dos combustíveis fósseis, e uma das principais causas da perda de biodiversidade, sendo o uso excessivo de fertilizantes e a degradação das turfeiras um fator impulsionador de ambas as crises. Melhorias modestas nos solos agrícolas em todo o mundo podem armazenar carbono suficiente para manter o mundo dentro de 1,5°CARBONO de aquecimento global. Solos saudáveis são essenciais para alcançar a neutralidade climática, uma economia limpa e circular, deter a desertificação e a degradação da terra, reverter a perda de biodiversidade, fornecer alimentos saudáveis e proteger a saúde humana.

Novas medidas também são propostas para reduzir o desperdício alimentar e têxtil, o que contribui para uma utilização mais eficiente dos recursos naturais e maior redução das emissões de gases do efeito de estufa. Essas medidas trarão benefícios econômicos, sociais, de saúde e ambientais de longo prazo para todos. Ao garantir ativos naturais mais resilientes, as novas regras, em particular, apoiam as pessoas que vivem diretamente da terra e da natureza. A lei contribuirá para áreas rurais prósperas, segurança alimentar, bioeconomia resiliente e próspera, coloca a União Europeia na vanguarda da inovação e do desenvolvimento e ajuda a inverter a perda de biodiversidade e a preparar-se para as consequências das alterações climáticas.

Atualmente, 60 a 70% dos solos da União Europeia não são saudáveis (Figura 2). Além disso, um bilhão de toneladas de solo é perdido todos os anos devido à erosão, o que significa que a camada superior fértil restante está desaparecendo rapidamente. Os custos associados à degradação do solo são estimados em mais de € 50 bilhões por ano. A proposta para a primeira legislação da União Europeia sobre solos fornece uma definição harmonizada de saúde do solo, estabelece um quadro de monitoramento abrangente e coerente e promove a gestão sustentável do solo e a remediação de áreas contaminadas.

A proposta reúne várias fontes de dados de solo sob o mesmo teto, combinando dados de amostragem de solo da Pesquisa de Área de Cobertura e Uso do Solo da União Europeia (LUCAS) com dados de satélite do Copernicus e dados nacionais e privados.

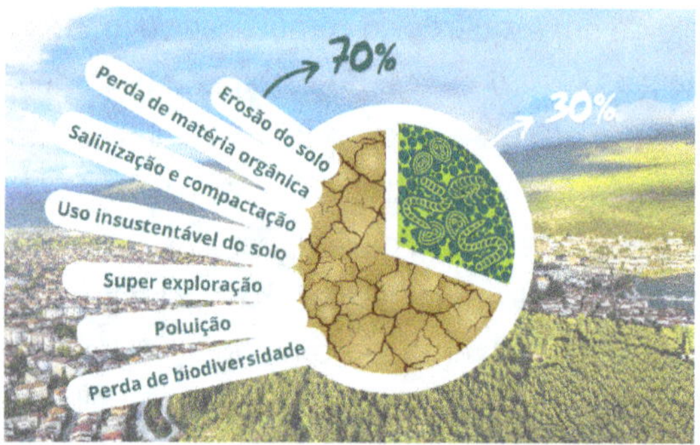

Figura 2: 70% dos solos na Europa estão degradados devido a causas variadas.
Fonte: Adaptado de Factsheet - New EU Soil Strategy for 2030.

A proposta não impõe quaisquer obrigações diretas aos proprietários e administradores de terras, incluindo agricultores. Os Estados-membro definirão práticas positivas e negativas de gestão do solo. Serão também definidas medidas de regeneração para trazer solos degradados de volta a uma condição saudável, com base em avaliações nacionais de saúde do solo. Essas avaliações também informarão outras políticas da União Europeia, como LULUCF, CAP e gestão da água. A proposta exige que os Estados-membro abordem os riscos inaceitáveis para a saúde humana e para o ambiente devido à contaminação do solo, guiados pelo princípio do poluidor-pagador. Os Estados-membro terão que identificar, investigar, avaliar e limpar os locais contaminados.

A proposta da Comissão para uma lei de monitoramento do solo fica aquém da ambição inicial de dar ao solo um status de proteção semelhante ao do ar ou da água.

No entanto, solos saudáveis são uma parte essencial da solução para fortalecer a resiliência a desastres naturais, ajudar a alcançar a neutralidade climática, reverter a perda de biodiversidade e a desertificação. A lei dos solos constitui um passo gigantesco para colocar o solo – junto com o ar, a água e o ambiente marinho – sob um ato jurídico da União Europeia.

Como parte da estratégia de solo apresentada em 2021, a Comissão originalmente previa uma "lei de saúde do solo" definida para dar aos solos o mesmo status legal que o ar e a água já possuem na UE. Consequentemente, a legislação concentra-se em estabelecer uma "definição da saúde do solo", assim como uma "estrutura para a monitoramento da saúde do solo" reunindo dados de agências nacionais, e do programa de monitoramento espacial Copernicus da União Europeia. De acordo com a proposta, os Estados-membro são obrigados a recolher dados sobre a saúde do solo e avaliá-los em cinco anos, de acordo com uma metodologia harmonizada em toda a União Europeia. A lei dos solos também visa abrir caminho para os agricultores aumentarem o seu rendimento por meio de um sistema de certificação voluntária da saúde do solo, que deve andar de mãos dadas com os padrões de certificação de cultivo de carbono recentemente propostos pela Comissão. No entanto, embora o texto proponha sistemas de gestão sustentável e práticas regenerativas por meio dos quais os agricultores possam melhorar a saúde do solo, ele não contém obrigações para os agricultores ou Estados-membro de tomar medidas além do monitoramento.

Solo: uma fonte de vida tão importante quanto o ar e a água

Segundo a Missão do Solo, financiada pelo programa Horizonte Europa, a má gestão do solo, poluição, agricultura super-intensiva, urbanização excessiva e erosão acentuada do solo devido às alterações climáticas tornaram 60-70% do solo europeu insalubre, e Portugal não foge a esta realidade. O país não tem dados de quanta terra deixará de ser produtiva, ou deixou de reciclar água e carbono devido à degradação, mas os especialistas sabem que cerca de 60% dos solos deste país têm pouca matéria orgânica.

O país está perdendo 20 toneladas de solo por hectare por ano. Solo saudável é o solo onde a água da chuva permeia para alimentar os aquíferos.

Números para guardar

- ¼ do solo agrícola está erodido, compactado, sofre de salinização, ou perdeu carbono; ²/₃ estão em risco de eutrofização, que afeta a água, a produção de alimentos e a biodiversidade.

- 25% dos solos no sul da Europa estão em risco elevado de desertificação. Solo erodido seco não absorve água, causando inundações em caso de chuva forte.

- 2,8 milhões de locais na União Europeia estão particularmente contaminados, com riscos para a saúde pública.

- € 50 bilhões é o custo anual associado aos solos degradados da UE.

- 84% das pastagens de Portugal são classificadas como "pobres".

Diretivas e regulamentos relevantes para a gestão do solo

Para além da lei de monitoramento dos solos (Soil Monitoring Law - 2023/0232COD), existem outros instrumentos legais relacionados com a gestão do solo:

1. **Environmental Impact Assessment (EIA) Directive (2011/92/EU):** Esta diretiva exige que alguns projetos com impactos significativos no meio ambiente, incluindo aqueles relacionados à mudança do uso da terra ou

à agricultura, sejam submetidos a uma avaliação de impacto ambiental. Embora não seja específico para o solo, considera indiretamente os impactos relacionados ao solo.

2. **Nitrates Directive (91/676/EEC):** Esta diretiva visa proteger a qualidade da água através da regulamentação da utilização de nitratos de origem agrícola, que podem afetar a qualidade do solo e da água.

3. **Water Framework Directive (2000/60/EC):** Esta diretiva estabelece um quadro para a proteção e uso sustentável dos recursos hídricos, considerando a sua interação com a qualidade do solo e uso da terra.

4. **Common Agricultural Policy (CAP):** A CAP inclui vários regulamentos e iniciativas que abordam o manejo do solo e as práticas de sustentabilidade na agricultura. A reforma da PACARBONO enfatiza as considerações ambientais e promove práticas agrícolas sustentáveis.

5. **Waste Framework Directive (2008/98/EC):** Embora não seja específica para o solo, esta diretiva regula a gestão de resíduos, incluindo sua eliminação e as práticas de tratamento que podem afetar a qualidade do solo.

6. **Urban Waste Water Treatment Directive (91/271/EEC):** Esta diretiva incide sobre o tratamento de águas residuais urbanas e visa prevenir a poluição da água, que também pode afetar a qualidade do solo.

7. **Pesticides Regulation (1107/2009/EC):** Este regulamento trata da aprovação e uso de pesticidas na agricultura e inclui disposições relacionadas à minimização da contaminação do solo.

8. **Industrial Emissions Directive (2010/75/EU):** Esta diretiva regula as atividades industriais que têm impactos ambientais significativos, incluindo emissões para o solo e águas subterrâneas.

9. **Habitats Directive (92/43/EEC):** Embora não se concentre apenas no solo, esta diretiva estabelece uma rede de áreas naturais protegidas (sítios Natura 2000) e considera a conservação dos habitats associados ao solo.

Referências

Food and Agriculture Organization of the United Nations (FAO), 2024. https://www.fao.org/home/en.

World Resources Institute (WRI), 2024. https://www.wri.org/.

CAPÍTULO 3

Monitoramento do solo: o que monitorar?

Autores: Teresa Dias[1], Juliana Melo[1], Alessandro Coutinho Ramos[2], Cristina Cruz[1], Lucas Zanchetta Passamani[3], Amanda Azevedo Bertolazi[2]

1 cE3c - Center for Ecology, Evolution and Environmental Changes & CHANGE - Global Change and Sustainability Instituto, Faculdade de Ciências da Universidade de Lisboa, Edifício C2, Piso 5, Sala 2.5.03, Campo Grande, 749-016 Lisboa, Portugal. 2 Laboratório de Microbiologia Ambiental e Biotecnologia (LMAB), Universidade Vila Velha (UVV), Biopráticas, Rua São João, 48, Divino Espírito Santo, 29101-420, Vila Velha, Espírito Santo, Brasil. 3 FAESA Centro Universitário, Av. Vitoria, 2220, Monte Belo, 29053-360, Vitoria, Espírito Santo, Brasil.

O que é qualidade do solo?

A qualidade do solo é a sua capacidade de desempenhar a função necessária para o uso pretendido. Doran e Parkin (1994) definiram a qualidade do solo como a capacidade do solo de funcionar dentro dos limites do ecossistema e do uso da terra para sustentar a produtividade biológica, manter a qualidade ambiental e promover a saúde de plantas e animais. Outros definiram qualidade do solo como a capacidade ou aptidão do solo para suportar o crescimento da cultura sem resultar na degradação do solo ou prejudicar o meio ambiente (Oliver et al., 2013). A qualidade do solo é frequentemente percebida como uma característica abstrata dos solos, que não pode ser definida porque depende de fatores externos, como uso da terra e práticas de gestão do solo, ecossistema e interações ambientais e prioridades socioeconômicas e políticas (Pankhurst et al., 1997). A qualidade do solo pode ser avaliada com base nas funções específicas do solo (Larson e Pierce, 1994). No entanto, as próprias funções do solo não podem ser medidas diretamente. Determinadas propriedades físicas, químicas e biológicas são usadas para quantificar a qualidade do solo relacionada com objetivos específicos. Essas propriedades do solo são chamadas de indicadores de qualidade do solo.

Os indicadores de qualidade do solo são medições do solo que podem representar as condições do sistema ou a capacidade do solo de desempenhar funções do sistema. Os atributos de um bom indicador são:

- Sensibilidade à mudança,

- Facilidade de medição e interpretação, e

- Metodologia repetível e reversibilidade para que tanto a melhoria quanto a deterioração possam ser monitoradas.

Diferentes indicadores químicos amplamente utilizados estão relacionados com as respectivas funções básicas que medem. Essas funções básicas incluem:

1) promover a atividade e produtividade da biodiversidade,

2) filtrar, tamponar, degradar e desintoxicar materiais orgânicos e inorgânicos,

3) controlar a regulação e partição do fluxo de água e soluto,

4) reciclagem de carbono e nutrientes e

5) fornecer estabilidade física para plantas e animais, bem como fornecer suporte para estruturas associadas a habitats humanos.

Os componentes químicos e as propriedades do solo afetam muitas reações e processos que ocorrem no ambiente do solo. Por exemplo, o pH do solo controla a solubilidade e mobilidade de metais pesados, como Al, Fe, Mn, Cu e Zn, e nutrientes, como o fósforo. Também controla a toxicidade de muitos metais pesados e afeta a porcentagem de saturação, a capacidade tampão do solo, a capacidade de troca catiônica (CEC) e as propriedades biológicas do solo, como crescimento e diversidade microbiana (as bactérias, exceto as espécies acidófilas, são muito sensíveis a baixo pH, em contraste com os fungos). Assim como os indicadores físicos e biológicos, os indicadores químicos são sensíveis à gestão do solo e às perturbações naturais. Práticas de preparação do solo (por exemplo, cultivo intensivo, cultivo de conservação e correções orgânicas e inorgânicas) podem alterar os níveis de reação do solo (pH), bem como o teor de nitrato, carbono orgânico total e P.

O cultivo intensivo sem a correção do pH pela calagem pode levar à acidificação do solo. Uma aplicação contínua de fertilizantes acidificantes, como nitrato de amônio $(NH_4)_2NO_3$, sulfato de amônio $(NH_4)_2SO_4$ e enxofre elementar (S), em solos alcalinos reduz os valores de pH do solo. As leguminosas podem acidificar ligeiramente o solo. A água de rega com altas concentrações de sais pode resultar na salinização do solo (altos valores de condutividade elétrica). Além dos indicadores referidos na Tabela 1, muitos outros incluindo capacidade de troca catiônica, porcentagem de saturação por bases e porcentagem de sódio trocável, foram sugeridos como potenciais indicadores de qualidade do solo. Essas propriedades, no entanto, são mensuráveis apenas em ambientes de laboratório.

Poucas propriedades químicas são medidas no campo porque os dados medidos em condições de campo apresentam alta variabilidade temporal, espacial e sazonal, mesmo com a textura do solo. Para diminuir a variabilidade pode ser necessário fazer um grande número de análises.

Os indicadores químicos que podem ser medidos diretamente no campo são pH, condutividade elétrica, nitrato e fosfato (medidos pela tira de teste de P, particularmente no Centro-Oeste). O carbono reativo é medido no laboratório. Os diferentes indicadores químicos estão correlacionados com várias funções de qualidade do solo (Tabela 1).

TABELA 1. INDICADORES QUÍMICOS RELACIONADOS COM AS FUNÇÕES DE QUALIDADE DO SOLO. O NÚMERO DE ASTERISCOS INDICA A FORÇA DA RELAÇÃO ENTRE O INDICADOR E A FUNÇÃO. POR EXEMPLO, 3 ASTERISCOS SIGNIFICAM QUE O PRODUTO QUÍMICO É UM INDICADOR IMPORTANTE E 1 OU 2 ASTERISCOS SIGNIFICAM QUE O PRODUTO QUÍMICO É UM INDICADOR SECUNDÁRIO.

Indicador de qualidade	Função				
	Sustentar a biodiversidade, funcionalidade e produtividade	Regulação do fluxo hidrológico	Filtrar, tamponar, degradar, destoxificar compostos orgânicos e inorgânicos	Armazenar e reciclar nutrientes e carbono	Estabilidade física e suporte para plantas e outros fins (habitação)
Fosfato (b)	x	x			
Carbono reativo (a)	xx	x	xxx	xx	xx
Condutividade elétrica (b)		xxx			
Concentração de nitrato (b)	x	x			
pH	xx	xxx	xxx	xxx	

a - Método de laboratório/escritório
b - Método de campo

O pH do solo revela o grau de acidez ou alcalinidade do solo. Quimicamente, o pH é definido como log10 de íons H^+ na solução do solo, onde H^+

representa a atividade de íons hidrogênio em solução, não a concentração de íons de hidrogênio, que é representada como [H⁺]. A escala de pH varia de 0 a 14; um pH de 7 é considerado neutro. Se o valor do pH for maior que 7, a solução é considerada básica ou alcalina; se estiver abaixo de 7, a solução é ácida. É importante reconhecer que, como a escala de pH está em unidades logarítmicas, uma mudança de apenas alguma umidade de pH pode induzir mudanças significativas no ambiente químico e em processos biológicos sensíveis. Por exemplo, um solo com pH 5 é 10 ou 100 vezes mais ácido do que um solo com pH 6 ou 7, respectivamente. As fontes de íons H^+ na solução do solo incluem o ácido carbônico produzido quando o dióxido de carbono (CO_2) da matéria orgânica em decomposição, a respiração das raízes e a atmosfera do solo são dissolvidos na solução do solo. Outras fontes de íons H^+ são ânions raízes, reação de íons de alumínio (Al^{3+}) com água, a nitrificação e mineralização de matéria orgânica, reação de compostos de enxofre, água de chuva e chuva ácida. Certos solos são mais resistentes a variações no pH por terem maior capacidade tampão. Portanto, a necessidade de cal, que é a quantidade de calcário ($CaCO_3$) necessário para aumentar o pH de um solo ácido para um nível desejado, deve ser determinada especificamente para cada campo antes de corrigir o solo. Algumas culturas crescem bem ou toleram solos ácidos, outras crescem bem ou toleram solos alcalinos. A maioria das culturas cresce em solos com pH entre 6 e 7,5.

O carbono reativo, também conhecido como carbono oxidável por permanganato ou carbono ativo, é uma fração do carbono da matéria orgânica do solo que é oxidável na presença de permanganato de potássio em solução. O carbono oxidado por este composto inclui o carbono mais facilmente degradável por microrganismos, bem como o ligado aos minerais do solo, tornando a interpretação dos valores de carbono reativo um tanto difícil. Por causa dessa associação com a fração mineral, o carbono reativo é considerado um indicador químico, e não um indicador biológico. No entanto, o carbono reativo está, na maior parte das vezes, significativamente relacionado com o carbono orgânico particulado, carbono da biomassa microbiana e, por vezes também com o carbono orgânico do solo. O tempo de residência do carbono reativo no solo é estimado ser de 2 a 5 anos, em contraste com o carbono recalcitrante (por exemplo, húmus) que tem um tempo de renovação de várias centenas a milhares de anos. O carbono reativo origina-se em várias frações da matéria orgânica do solo. Essas frações incluem material orgânico fresco, biomassa microbiana do solo, matéria orgânica particulada e outros compostos orgânicos facilmente metabolizados, como hidratos de carbono (açúcares) e proteínas (aminoácidos), bem como carbono fracamente ligado aos minerais do solo. Devido ao seu tempo de rotação relativamente curto, o carbono reativo é mais sensível às mudanças de uso e gestão do solo do que o carbono orgânico total. O carbono reativo pode ser usado como um indicador da mudança produzida pelas práticas de cultivo e gestão do solo que manipulam o conteúdo de matéria orgânica do solo. A condutividade elétrica do solo mede a capacidade da água do solo de transportar corrente elétrica.

A condutividade elétrica é um processo eletrolítico que ocorre principalmente através de poros cheios de água. Cátions (Ca^{2+}, Mg^{2+}, K^+, Na^+ e NH_4) e ânions (SO_4, Cl, NO_3 e HCO_3) de sais dissolvidos na água do solo carregam cargas elétricas e conduzem a corrente elétrica. Consequentemente, a concentração de íons determina a condutividade elétrica dos solos. Na agricultura, a condutividade elétrica dos solos tem sido usada principalmente como uma medida de salinidade do solo (Tabela 1); no entanto, em solos não salinos, a condutividade elétrica pode ser uma estimativa de outras propriedades do solo, como umidade do solo, profundidade do solo e conteúdo de nutrientes (por exemplo, concentração de nitrato). A condutividade elétrica é expressa em deciSiemens por metro (dS/m). Solos com valores superiores a 4 mmhos/cm (4 dS/m) medidos no seu extrato saturado são salinos, e o crescimento de culturas sensíveis à salinidade é restrito nesses solos. Nos últimos anos desenvolveram-se sensores para mapear a condutividade elétrica e deduzir a concentração de nitrato; Smith e Doran (1996) demonstraram aumentos de nitrato com o aumento da condutividade elétrica.

A diretiva Europeia para o monitoramento do solo

O artigo 6 da diretiva do Parlamento Europeu e do Conselho Europeu sobre monitoramento e resiliência do solo (Lei de monitoramento do solo de 5 de junho de 2023) define a estrutura de monitoramento da saúde e ocupação do solo. Os Estados-Membro devem estabelecer um quadro de monitoramento com base nas zonas do solo estabelecidas em conformidade com o artigo

4.º, n.º 1, para assegurar o monitoramento regular e preciso da saúde do solo em conformidade com o artigo e os anexos I e II. Os Estados-Membro devem monitorar a saúde e ocupação do solo em cada distrito do solo. O quadro de acompanhamento deve basear-se no seguinte:

a) Os descritores do solo e os critérios de saúde do solo referidos no artigo 7.º;

b) Os pontos de amostragem do solo a determinar em conformidade com o artigo 8.º, n.º 2;

c) a medição do solo realizada pela Comissão de acordo com o parágrafo 4 deste Artigo, se houver;

d) os dados e produtos de sensoriamento remoto referidos no parágrafo 5 deste Artigo, se houver;

e) Os indicadores de ocupação e impermeabilização do solo referidos no artigo 7.º, n.º 1. 4.

A Comissão deve, mediante acordo dos Estados-Membro em causa, realizar medições regulares do solo em amostras de solo recolhidas no local, com base nos descritores e metodologias pertinentes referidos nos artigos 7.º e 8.º, para apoiar o monitoramento dos Estados-Membro.

A Comissão e a AEA devem, com base nos dados existentes e no prazo de dois anos após a entrada em vigor da presente diretiva, criar um portal digital de dados sobre a saúde do solo que forneça acesso, em formato espacial georreferenciado, a pelo menos os dados disponíveis sobre a saúde do solo, dados resultantes de:

a) as medições do solo referidas no artigo 8.º, n.º 2;

b) as medições do solo referidas no parágrafo 4 deste Artigo;

c) os dados e produtos relevantes de sensoriamento remoto do solo referidos no parágrafo 5 deste Artigo. 7.

O portal digital de dados sanitários do solo referido no n.º 6 também pode fornecer acesso a outros dados relacionados com a saúde do solo para além dos dados referidos nesse número, se esses dados forem partilhados ou recolhidos de acordo com os formatos ou métodos estabelecidos pela Comissão nos termos ao parágrafo 8.

A Comissão adota atos de execução para estabelecer formatos ou métodos para partilhar ou recolher os dados referidos no n.º 7 ou para integrar esses dados no portal digital de dados sanitários do solo. Esses atos de execução são adotados pelo procedimento de exame a que se refere o artigo 21.º.

De acordo com a lei para o monitoramento dos solos, os parâmetros a serem analisados encontram-se registados na Tabela 1.

TABELA 1: PARÂMETROS A SEREM AVALIADOS DE ACORDO COM A LEI DE MONITORAMENTO DO SOLO DE 5 DE JUNHO DE 2023.

Aspecto da degradação	Descritor do solo	Critério para condição saudável	Zonas excluídas do critério
Parte A: Descritores com critérios de saúde do solo definidos a nível europeu			
Salinidade	Condutividade elétrica (dS m-1)	< 4 dS m^{-1} ao usar o método de extrato de pasta de solo saturado (eEC), ou critério equivalente se usar outro método de medição	Áreas de salinas ou diretamente afetadas pelo aumento do nível do mar
Erosão	Taxa de erosão do solo (tonelada por ha por ano)	≤ 2 t ha^{-1} y^{-1}	Áreas de terra natural não geridas.
Perda de Carbono orgânico (SOC)	Concentração de carbono orgânico no solo (g per kg)	**Para solos orgânicos:** respeitar as metas estabelecidas a nível nacional, de acordo com o Artigo 4.1, 4.2, 9.4 do Regulamento (UE) **Para solos minerais:** relação SOC/Argila $> 1/13$; Os Estados-Membro podem aplicar um fator de correção sempre que tipos de solo ou condições climáticas específicas o justifiquem, tendo em conta o teor real de carbono orgânico em prados permanentes.	Solos não geridos em áreas naturais
Compactação do subsolo	Densidade do solo no subsolo (parte superior do horizonte B ou E1); Os Estados-Membros podem substituir este descritor por um parâmetro equivalente (g cm^{-3})	**Para solos com textura:** Areia, areia argilosa, marga arenosa, marga $< 1,8$; Arenosa franco-argilosa, franco-argiloso, limo, limoso $<1,75$; limoso, limoso argiloso argila $<1,65$; Argila arenosa, argila siltosa, franco argilosa com 35-45% de argila $<1,58$; Argila $<1,47$.	Solos não cultivados em áreas naturais
Parte B: descritores de solo com critérios para a condição saudável do solo estabelecidos a nível dos Estados-Membros			
Excesso de nutrientes	Fósforo extraível (mg kg^{-1})	$<$ "valor máximo"; O "valor máximo" será fixado pelo Estado-Membro dentro do intervalo 30-50 mg kg^{-1}.	Não há exclusão

Aspecto da degradação	Descritor do solo	Critério para condição saudável	Zonas excluídas do critério
Contaminação	Concentração de metais: As, Sb, Cd, Co, Cr (total), Cr (VI), Cu, Hg, Pb, Ni, Tl, V, Zn (μg kg^{-1}) Concentração de uma seleção de contaminantes orgânicos estabelecida pelos Estados Membro e levando em consideração os limites de concentração existentes, por exemplo para a qualidade da água e as emissões atmosféricas na legislação da União.	Garantia razoável, obtida a partir de amostragem pontual do solo, identificação e investigação de locais contaminados e qualquer outra informação relevante, de que não existe nenhum risco inaceitável para a saúde humana e o meio ambiente decorrente da contaminação do solo. Os habitats com concentrações naturalmente elevadas de metais pesados incluídos no Anexo I da Diretiva 92/43/CEE do Conselho3 devem permanecer protegidos.	Não há exclusão
Redução da capacidade de reter água	Capacidade de retenção de água do solo pela amostra (% do volume de água / volume de solo saturado).	O valor estimado para a capacidade total de retenção de água de um distrito de solo por bacia hidrográfica ou sub-bacia está acima do limite mínimo.	Não há exclusão
Parte C: descritores sem critério			
Excesso de nutrientes no solo	Nitrogênio no solo (mg g^{-1})		
Acidificação	pH		
Compactação da camada superficial	Densidade do horizonte A (gcm^{-3})		
Perda da biodiversidade do solo	Respiração basal do solo (mm^3 O$_2$ g^{-1} hr^{-1}) em solo seco	Os Estados-Membro podem selecionar outros descritores: metabarcoding de bactérias, fungos, protistas e animais; abundância e diversidade de nematóides; biomassa microbiana; abundância e diversidade de minhocas (na lavoura); espécies exóticas invasoras e pragas de plantas	
Parte D: Indicadores de ocupação e impermeabilização do solo			
Ocupação e impermeabilização do solo	Terra artificial total (km^2 e % da superfície do Estado-Membro) Ocupação do solo, ocupação inversa Ocupação líquida do solo (média por ano - em km^2 e % da superfície do Estado-Membro) Impermeabilização do solo (total de km^2 e % da superfície do Estado-Membro).		

Metodologias

PARTE A: METODOLOGIA PARA A DETERMINAÇÃO DOS PONTOS DE AMOSTRAGEM.

Atividade	Critério mínimo para a metodologia
Determinação de pontos de amostragem de solo (levantamento de amostra)	O levantamento por amostragem deve ser elaborado a partir de um quadro de amostragem completo contendo as melhores informações disponíveis sobre a distribuição das propriedades do solo, incluindo, entre outros, informações resultantes de medições nacionais anteriores e medições no âmbito do programa LUCAS. O esquema de amostragem deve ser uma amostragem aleatória estratificada otimizada nos descritores de saúde do solo. O tamanho da amostra nacional deve atender ao requisito de erro percentual máximo (ou Coeficiente de Variação) de 5% para a estimativa da área com solos saudáveis. A amostra da Comissão para o inquérito definido ao abrigo do artigo 6.º, n.º 4, pode representar um máximo de 20 % da dimensão das amostras nacionais. A alocação e o tamanho da amostra devem ser determinados pela aplicação do algoritmo de Bethel (Bethel, 1989)5 contabilizando o erro máximo de estimativa necessário.

PARTE B: METODOLOGIA PARA DETERMINAR OU ESTIMAR OS VALORES DOS DESCRITORES DE SOLO

Quando uma metodologia de referência é definida, ou a metodologia de referência é usada ou pode ser utilizada outra metodologia, desde que esteja disponível na literatura científica ou disponível publicamente e uma função de transferência validada esteja disponível.

Descritor	Referência Método	Valor mínimo	Se usar uma metodologia diferente
Textura	**(teor de silte e areia - necessário para a determinação de outros descritores e intervalos relacionados)** ISO 11277: 1998 Determinação do tamanho das particulas na parte mineral do solo – crivo e sedimentação. Método alternativo: ISO13320:2009 Particle size analysis – Laser diffraction methods		
Condutividade elétrica	Opção 1 Medida no extrato da pasta saturada (FAO GLOSOLAN-SOP-08, https://www.fao.org/3/cb3355en/cb3355en.pdf); Opção: ISO 11265:1994 determinação da condutividade elétrica específica.		Sim

Descritor	Referência Método	Valor mínimo	Se usar uma metodologia diferente
Taxa de erosão	Deve considerar todas as ações tomadas para mitigar ou compensar o risco de erosão, incluindo medidas de mitigação pós-fogo. Deve incluir todos os processos de erosão relevantes (erosão por água, vento, colheita e cultivo.	avaliada considerando características do solo (erodibilidade, formação de crostas, rugosidade), clima (erosividade das chuvas – intensidade e duração, considerando projeções de mudanças climáticas, topografia (declive inclinação e comprimento), cobertura vegetal, tipo de cultivo, uso da terra, - práticas de gestão (culturas de cobertura, lavoura reduzida, manta morta, etc.), - áreas queimadas. A erosão eólica deve considerar: - características do solo (erodibilidade), clima (umidade do solo, velocidade do vento, evaporação), - vegetação, - práticas de gestão (quebra-ventos).	
Carbono orgânico (SOC)	ISO 10694:1995 Determinação do carbono orgânico total depois de combustão seca		Sim
Densidade aparente no subsolo (horizonte B8) ou parâmetro equivalente 9 escolhido pelos Estados-Membros	ISO 11272:2017 para determinação da densidade aparente seca. Caso seja escolhido um parâmetro equivalente, a metodologia deve ser uma norma europeia ou internacional, quando disponível; se tal padrão não estiver disponível, a metodologia escolhida deve estar disponível na literatura científica.		Sim
Fósforo extraível	ISO 11263:1994 para determinação espectrométrica de carbonato de fósforo e sódio Olsen) solúvel em solução de hidrogênio (P- Olsen)		Sim
Concentração de metais pesados no solo:	**As, Sb, Cd, Co, Cr (total), Cr (VI), Cu, Hg, Pb, Ni, Tl, V, Zn - Concentração de uma seleção de contaminantes orgânicos definidos pelos Estados-Membros e tendo em conta a legislação da UE em vigor (por exemplo, sobre a qualidade da água ou pesticidas)** Teor ambiental disponível potencial de metais pesados em solos com base na ISO 17586:2016 usando ácido nítrico diluído.	Usar padrões europeus ou internacionais quando disponíveis; se tal padrão não estiver disponível, a metodologia escolhida deve estar disponível na literatura científica ou disponível publicamente	

Descritor	Referência Método	Valor mínimo	Se usar uma metodologia diferente
Capacidade de retenção de água no solo	LABORATÓRIO: ISO 11274:2019 determinação da característica de retenção de água. ESTIMATIVA: aplicar a metodologia descrita em "New generation of hydraulicarbono pedotransfer functions for Europe" (https://doi.org/10.1111/ejss.12192) com base na textura (ou distribuição granulométrica) e no carbono orgânico do solo.	Considerar definir a capacidade de retenção de água das áreas impermeáveis a zero, atribuindo valores proporcionalmente intermediários às áreas semi-impermeáveis e outras artificiais.	
Nitrogênio	ISO 11261:1995 para determinação de nitrogênio total do solo usando um método Kjeldahl modificado		Sim
Acidez	ISO 10390:2005 para determinação de pH em H2O e extrato de CaCl2 (pH-H2O e pH-CaCl2)		Sim
Densidade aparente	**no "solo superficial" (A-horizonte** como definido pela FAO Guidelines for Soil Description, Chapter 5 (https://www.fao.org/3/a0541e/a0541e.pdf)ISO 11272:2017 para determinação da densidade aparente seca		Sim
Respiração basal do solo	Siga as indicações descritas no artigo científico "Biomassa microbiana e atividades no solo afetadas pelo armazenamento congelamento e refrigeração"(https://www.sciencedirect.com/science/article/abs/pii/S0038071797001259) Outros descritores Metabarcoding (Sequencing of DNA barcodes for measuring taxonomical and functional diversity of archaea, bacteria, fungi and other eukaryotes as was done for LUCAS Soil Biodiversity based on https://doi.org/10.1111/ejss.13299) de bactérias, fungos, protistas e animais; Abundância e diversidade de nematóides; - Biomassa microbiana; - Abundância e diversidade de minhocas (na lavoura) Use padrões europeus ou internacionais quando disponíveis; se tal padrão não estiver disponível, a metodologia escolhida deve estar disponível na literatura científica ou disponível publicamente.	Use padrões europeus ou internacionais; a metodologia escolhida deve estar disponível na literatura científica ou disponível publicamente.	Sim Para outros descritores de biodiversidade do solo: N/A

Referências

Doran JW, Parkin TB (1994) Defining and assessing soil quality. In Doran et al. (eds.) Defining Soil Quality for a Sustainable Environment, pp. 3-22. SSSA/ASA, Madison, WI.

Culman SW, Snap SS, Freeman MA, Schipanski ME, Beniston J, Lal R, Drinkwater LE, Franzluebbers AJ, Glover JD, Grandy AS, Lee J, Six J, Maul JE, Mirsky SB, Spargo JT, Wander MM (2011) Permanganate oxidizable carbon reflects a processed soil fraction that is sensitive to management. Soil Science Society of America Journal 76: 494-504.

Larson WE, Pierce FJ (1994) The dynamics of soil quality as a measure of sustainable management. In Doran JW et al. (eds.) Defining Soil Quality for a Sustainable Environment, pp. 37-52. SSSA Special Publication 35: 37-52.

Lucas ST, Weil RR (2012) Can a labile carbon test be used to predict crop responses to improve soil organic matter management? Agronomy Journal 104: 1160-1170.

Oliver DP, Bramley RGV, Riches D, Porter I, Edwards J (2013) Soil physical and chemical properties as indicators of soil quality in Australian viticulture. Australian Journal of Grape and Wine Research 19: 129-139.

Pankhurst C, Doube BM, Gupta VVSR (1997) Biological indicators of soil health: Synthesis. In Pankhurst CE, Doube BM, Gupta VVSR Gupta (eds.) Biological Indicators of Soil Health. CAB International.

Smith JL, Doran JW (1996) Measurement and use of pH and electrical conductivity for soil quality analysis. In Doran JW, Jones AJ (eds.) Methods for Assessing Soil Quality. Soil Science Society of America Special Publication 49: 169-185.

CAPÍTULO 4

Qual o interesse dos parâmetros biológicos do solo para o agricultor?

Autores: Francisco Basílio[1], Teresa Dias[1], Juliana Melo[1], Inês Ferreira[1], Cristina Cruz[1]

1 cE3c - Center for Ecology, Evolution and Environmental Changes & CHANGE - Global Change and Sustainability Instituto, Faculdade de Ciências da Universidade de Lisboa, Edifício C2, Piso 5, Sala 2.5.03, Campo Grande, 749-016 Lisboa, Portugal.

Bioindicadores e Funcionalidade do Solo

Os indicadores biológicos do solo fornecem informações sobre o componente vivo do solo. Tal como os indicadores físicos e químicos, os indicadores biológicos quantificam funções do solo e permitem avaliar a qualidade do solo. Esses indicadores avaliam propriedades dinâmicas do solo sensíveis ao modo de gestão da terra, perturbações naturais e presença de contaminantes químicos. Independentemente da sua natureza, um indicador deve cumprir aos seguintes critérios (Doran e Safley 1997, Pankhurst et al. 1997):

1) ser interpretável;

2) correlacionam-se bem com as funções e serviços do ecossistema;

3) integrar propriedades e processos físicos, químicos e biológicos do solo;

4) ser escalável; e

5) ser sensível a mudanças.

Além disso, um indicador deve ter reprodutibilidade, baixa variabilidade temporal e espacial, e ser baseado em amostragem e métodos analíticos simples.

Existem miríades de organismos na fina camada da superfície do solo, que desempenham papéis fundamentais na decomposição da matéria orgânica do solo, na reciclagem de nutrientes, na degradação de poluentes do solo e na formação e estabilidade da estrutura do solo. Estes organismos adaptam-se às mudanças do ambiente, como seca, inundações, escassez de substrato e contaminantes. A biota do solo também responde rapidamente ao modo de gestão do solo e às mudanças no uso da terra e pode ser candidata a indicadores de qualidade do solo. Existem, no entanto, limitações na utilização direta de organismos do solo como indicadores de qualidade do solo.

Por isso, as propriedades dinâmicas biológicas (respiração, Particulated Organic Matter - POM, Particulated Mineral Nitrogen - PMN e enzimas) são frequentemente selecionadas como proxis para a medição de processos mediados pela biota do solo. Ácidos graxos fosfolipídicos e DNA também têm ganhado popularidade.

Os indicadores biológicos podem refletir o número geral, o tipo e a atividade dos microrganismos e a diversidade dos organismos vivos no solo, particularmente em relação à população microbiana. Alguns indicadores biológicos estão ligados às frações da matéria orgânica (POM, ß-glicosidase), reservatórios de nitrogênio (PMN) ou biota do solo (respiração).

Os efeitos da lavoura e gestão de resíduos vegetais no tamanho, atividade e estrutura da comunidade de populações da biota (bactérias, fungos, protozoários e nematóides) podem ser atribuídos a um ou mais dos seguintes fatores (Gupta e Yeates 1997):

1. Fornecimento de alimento; maiores populações de bactérias e fungos ocorrem onde os resíduos são devolvidos ao solo.

2. Mudanças nas populações de decompositores secundários, como microartrópodes, que são predadores de nematóides, e nematóides, que são predadores de protozoários.

3. Propriedades físicas do solo alteradas, por exemplo, melhor estabilidade dos agregados do solo por causa de sistemas de cultivo reduzidos e disponibilidade de umidade melhorada por causa da retenção de resíduos.

4. Mudanças na distribuição de resíduos de matéria orgânica ao longo do perfil do solo (por exemplo, uma distribuição mais uniforme da matéria orgânica em solos de cultivos intensivos em comparação com solos de cultivos menos intensivos, onde os resíduos estão concentrados na camada superficial do solo.

5. Aplicação de pesticidas, fungicidas e outros produtos químicos prejudiciais para a biota.

6. Sistemas de cultivo, incluindo rotações, plantas de cobertura, preparo convencional, fertilizantes, etc.

- **Efeitos da acidificação do solo.** A acidificação do solo causada pelo cultivo intensivo ou aplicação de fertilizantes acidificantes (sulfato de amônio, nitrato de amônio ou enxofre) pode reduzir o pH do solo e dificultar o crescimento e a atividade da população bacteriana (exceto bactérias acidófilas). Ao contrário das bactérias, os fungos podem adaptar-se a uma ampla faixa de pH, sendo o seu pH ótimo cerca de 7.

- **Efeitos da irrigação e adição de sal.** A água de irrigação com altos níveis de sal pode ser uma fonte de salinização do solo. Os fungos são menos sensíveis à salinização do que as bactérias e destas as halófitas seguidas dos actinomicetes são os menos sensíveis ao sal.

- **Efeitos das práticas de conservação.** As rotações de plantas afetam particularmente os fungos micorrízicos porque algumas espécies de plantas são facilmente colonizadas pelos fungos e outras não. A inclusão de leguminosas na sequência de rotação estimula a bactéria rizóbio, mas pode ser uma fonte de acidificação do solo que suprime o crescimento de outras bactérias.

- **Efeitos de perturbações e tensões naturais.** Perturbações naturais (incêndios, secas e inundações) e do modo de gestão (cultivos, fertilizantes, pesticidas e herbicidas) resultam em condições estressantes para a biota do solo. Essas tensões (ver Tabela 1) podem ser temporárias ou permanentes. Em resposta à perturbação de curto prazo, as comunidades biológicas de um solo saudável retornarão com relativa rapidez às condições iniciais. O estresse de longo prazo ou crônico resultará em sucessão de longo prazo, levando a um novo equilíbrio dinâmico entre os componentes do ecossistema (van Bruggen e Semenov, 2000).

TABELA 1. FATORES DE ESTRESSE PARA A BIOTA DO SOLO.

Físicos	Químicos	Biológicos
Temperaturas extremas	pH	Excesso ou deficiências de nutrientes
Potencial matricial (ciclos de seca e re-hidratação)	Excesso ou deficiência de nutrientes inorgânicos	Organismos exógenos com elevada capacidade competitiva
Potencial osmótico	Anóxia	Crescimento descontrolado de alguns organismos, principalmente patógenos e predadores
Elevada pressão (compactação devido a equipamento agrícola)	Salinidade	
	Biocidas (metais pesados, poluentes radioativos, pesticidas, derivados do petróleo)	

Muitos indicadores biológicos estão relacionados com a matéria orgânica e estão ligados à ciclagem de nutrientes e às funções de biodiversidade e produtividade. A Tabela 2 mostra os indicadores biológicos relacionados com as funções de qualidade do solo.

TABELA 2. INDICADORES BIOLÓGICOS RELACIONADOS COM AS FUNÇÕES DE QUALIDADE DO SOLO. O NÚMERO DE ASTERISCOS INDICA A FORÇA DA RELAÇÃO ENTRE O INDICADOR E A FUNÇÃO. POR EXEMPLO, 3 ASTERISCOS SIGNIFICAM QUE O PRODUTO QUÍMICO É UM INDICADOR IMPORTANTE E 1 OU 2 ASTERISCOS SIGNIFICAM QUE O PRODUTO QUÍMICO É UM INDICADOR SECUNDÁRIO.

Indicador da qualidade do solo	Função biológica				
	Sustentar a biodiversidade, funcionalidade e produtividade	Regulação do fluxo hidrológico	Filtrar, tamponar, degradar, destoxificar compostos orgânicos e inorgânicos	Armazenar e reciclar nutrientes e carbono	Estabilidade física e suporte para plantas e outros fins (habitação)
Minhocas (b,d)	xxx		xxx	xxx	xxx
Matéria orgânica particulada (a,c)	xxx	xxx	xxx	xxx	xxx
Potencial de mineralização de nitrogênio (a,c)	xxx			xxx	
Atividade enzimática a	xxx			xxx	
Respiração (a,b,c)	xxx		x	xxx	xx

a - Método de laboratório/escritório
b - Método de campo
c - Método demorado
d - Observação visual simples

As minhocas são classificadas em três grupos com base no seu habitat. Os habitantes da folhada vivem na folhada, ingerem resíduos vegetais e podem estar ausentes em solo arado e sem folhada. Os habitantes do solo mineral vivem em solo rico em matéria orgânica onde cavam canais estreitos e se alimentam de uma mistura de solo e resíduos vegetais. Escavadores profundos do solo (rastejantes noturnos) cavam tocas longas e grandes em camadas profundas do solo e carregam consigo resíduos vegetais para consumo. Os excrementos de minhoca são formados de material digerido que é excretado para o solo. Os excrementos são enriquecidos com nutrientes (N, P, K e Ca) e microrganismos durante sua passagem pelo sistema digestivo do verme. As minhocas contribuem com nutrientes para o solo e melhoram a porosidade do solo e o desenvolvimento das raízes. Elas também contribuem para a construção da estrutura do solo e estabilização de agregados.

As enzimas do solo aumentam a taxa de decomposição da matéria orgânica e liberam nutrientes para o solo (Tabatabai, 1994). A atividade enzimática do solo é um dos indicadores que mais rapidamente responde a mudanças que ocorrem no solo (2 anos). A fração de matéria orgânica particulada (com dimensões entre 0,053 e 2 mm; Cambardella e Elliot, 1992) é biológica e quimicamente ativa e integra a fração lábil da matéria orgânica do solo, podendo representar 20% ou mais do carbono retido no solo dependendo dos ecossistemas e do tipo de gestão praticada. Havendo a tendência para maior porcentagem de acumulação de carbono em solos menos intervencionados.

O nitrogênio potencialmente mineralizável pode ser definido como a fração de nitrogênio orgânico convertido em formas biodisponíveis sob condições específicas de temperatura, umidade, arejamento e tempo. A determinação dos níveis de nitrogênio potencialmente mineralizável fornece uma estimativa do N disponível no solo, já que está relacionado com a biomassa microbiana, vegetal e animal presente no solo; e é considerada uma medida indireta da disponibilidade de nitrogênio durante a estação de crescimento (se medida durante esse período). Embora o potencial de mineralização anaeróbica de N possa ser um bom indicador do potencial do solo para fornecer N, ele não reflete necessariamente os níveis de N da biomassa microbiana. A proporção entre N mineralizado e N orgânico total pode servir como um indicador sensível de alterações na matéria orgânica do solo.

Referências

Cambardella CA, Elliot ET (1992) Particulate soil organic matter changes across a grassland cultivation sequence. Soil Science Society of America Journal 56: 777-83.

Dick RP (1994) Soil enzyme activity as an indicator of soil quality. In Doran JW et al. (eds.) Defining Soil Quality for a Sustainable Environment, pp. 107-124. Madison, WI.

Doran JW, Safley M (1997) Defining and assessing soil health and sustainable productivity. In Pankhurst CE, Doube BM, Gupta VVSR (eds.) Biological Indicators of Soil Health, pp. 1-28. CAB International.

Drinkwater LE, Cambardella CA, Reeder J, Rice C (1996) Potentially mineralizable nitrogen as an indicator of biologically active soil nitrogen. In Doran JW, Jones AJ (eds.) Methods for Assessing Soil Quality. Soil Science Society of America Special Publication 49: 217-229.

Gupta VVSR, Yeates GW (1997) Soil micro fauna as indicators of soil health. In Pankhurst CE, Doube BM, Gupta VVSR (eds.) Biological Indicators of Soil Health, pp. 201-231. CAB International.

Pankhurst C, Doube BM, Gupta VVSR (1997) Biological indicators of soil health: Synthesis. In Pankhurst CE, Doube BM, Gupta VVSR Gupta (eds.) Biological Indicators of Soil Health. CAB International.

Smith JL, Doran JW (1996) Measurement and use of pH and electrical conductivity for soil quality analysis. In Doran JW, Jones AJ (eds.) Methods for Assessing Soil Quality. Soil Science Society of America Special Publication 49: 169-185.

Tabatabai MA (1994) Soil enzymes. In Weaver RW et al. (eds.) Methods of Soil Analysis, Part 2. Microbiological and Biochemical Properties, pp. 775-833.

Van Bruggen AHC, Semenov AM (2000) In search of biological indicators for soil health and disease suppression. Applied Soil Ecology 15: 13–24.

CAPÍTULO 5

Como aumentar a matéria orgânica do solo em condições mediterrâneas?

Autores: Teresa Dias[1], Juliana Melo[1]; Alessandro Coutinho Ramos[2], Margarida Santana[1], Cristina Cruz[1]

1 cE3c - Center for Ecology, Evolution and Environmental Changes & CHANGE - Global Change and Sustainability Instituto, Faculdade de Ciências da Universidade de Lisboa, Edifício C2, Piso 5, Sala 2.5.03, Campo Grande, 749-016 Lisboa, Portugal. 2 Laboratório de Microbiologia Ambiental e Biotecnologia (LMAB), Universidade Vila Velha (UVV), Biopráticas, Rua São João, 48, Divino Espírito Santo, 29101-420, Vila Velha, Espírito Santo, Brasil.

Aumentar a matéria orgânica do solo sob condições mediterrâneas pode ser um desafio devido ao clima seco e quente característico da região (Padash et al., 2023). No entanto, existem várias estratégias que podem ser empregadas para aumentar o conteúdo de matéria orgânica do solo e melhorar a saúde do solo:

- **Introduzir matéria orgânica**: composto, esterco e outros materiais orgânicos podem aumentar significativamente o conteúdo de matéria orgânica. Esses materiais fornecem uma fonte de nutrientes e estimulam a atividade microbiana, levando a uma melhor estrutura e fertilidade do solo.

- **Culturas de cobertura:** O plantio de culturas de cobertura durante os períodos de pousio pode proteger o solo da erosão, reduzir a evaporação e contribuir para o acúmulo de matéria orgânica quando eventualmente forem incorporados ao solo. Culturas de cobertura leguminosas, como o trevo, também podem fixar nitrogênio no solo.

- **Gestão de resíduos da cultura:** Deixar os resíduos da cultura no campo após a colheita em vez de removê-los. A incorporação de resíduos de colheita no solo pode ajudar a aumentar a matéria orgânica ao longo do tempo.

- **Cobrir com matéria orgânica:** Aplicar coberturas orgânicas, como palha, lascas de madeira ou folhas, na superfície do solo. As coberturas mortas ajudam a reter a umidade do solo, regulam a temperatura e fornecem um habitat para organismos benéficos do solo que contribuem para a decomposição da matéria orgânica.

- **Cultivo reduzido:** Minimize ou elimine o cultivo sempre que possível. O cultivo excessivo pode acelerar a decomposição da matéria orgânica e perturbar a estrutura do solo. As práticas de plantio direto ou plantio reduzido podem ajudar a reter a matéria orgânica e melhorar a saúde do solo.

- **Agrofloresta:** Integrar árvores ou arbustos em sistemas agrícolas. A manta morta e os materiais orgânicos dessas plantas contribuem para a matéria orgânica do solo, e a sombra que eles fornecem pode ajudar a reduzir a evaporação e manter a umidade do solo.

- **Pastagem rotativa:** se o gado fizer parte do sistema agrícola, use práticas de pastejo rotacionado. O pastoreio bem administrado pode levar à deposição de materiais orgânicos de animais e promover a saúde do solo.

- **Aplicar Biochar:** Biochar é um tipo de carvão produzido a partir de materiais orgânicos que passaram por pirólise. Pode ser aplicado ao solo para melhorar a retenção de água, a disponibilidade de nutrientes e a atividade microbiana, aumentando assim a matéria orgânica do solo ao longo do tempo.

- **Sistemas diversificados de cultivo:** plante uma variedade de cultivos com diferentes sistemas radiculares e padrões de crescimento. Sistemas de cultivo diversificados podem contribuir para uma ciclagem mais equilibrada de nutrientes e acúmulo de matéria orgânica.

- **Gestão da água:** A gestão eficiente da água, incluindo práticas de irrigação que reduzem o desperdício de água, pode ajudar a manter os níveis de umidade do solo e apoiar a atividade microbiana responsável pela decomposição da matéria orgânica.

- **Práticas de conservação do solo:** Implementar medidas de controle de erosão, como lavoura de contorno, terraços e uso de culturas de cobertura em encostas para evitar a erosão do solo e a perda de solo rico em matéria orgânica.

■ **Práticas de agricultura orgânica:** adote práticas de agricultura orgânica que enfatizem a saúde do solo como rotação de culturas e plantio associado, e evitar produtos químicos sintéticos que possam prejudicar as comunidades microbianas do solo.

Práticas sustentáveis de gestão do solo

De acordo com o anexo III da lei de monitoramento do solo de 5 de junho de 2023, os seguintes princípios devem ser levados em consideração:

a) evitar deixar o solo descoberto estabelecendo e mantendo a cobertura vegetal do solo, especialmente durante períodos ambientalmente sensíveis;

b) minimizar a perturbação física do solo;

c) evitar a entrada ou liberação de substâncias no solo que possam prejudicar a saúde humana ou o meio ambiente, ou degradar a saúde do solo;

d) garantir que o uso de máquinas seja adaptado à resistência do solo e que o número e a frequência das operações nos solos sejam limitados para que não comprometam a saúde do solo;

e) quando da aplicação da adubação, assegurar a adequação às necessidades da planta e das árvores no local e período determinados e às condições do solo e priorizar soluções circulares que enriqueçam a matéria orgânica;

f) no caso de irrigação, maximizar a eficiência dos sistemas de irrigação e gestão da irrigação e garantir que, quando forem usadas águas residuais recicladas, a qualidade da água atenda aos requisitos estabelecidos no Anexo I do Regulamento (UE) 2020/741 do Parlamento Europeu e do o Conselho 14 em que quando a água de outras fontes é usada, não degrada a saúde do solo;

g) garantir a proteção do solo através da criação e manutenção de características paisagísticas adequadas ao nível da paisagem;

h) utilizar espécies adaptadas ao local no cultivo de culturas, plantas ou árvores onde isso possa prevenir a degradação do solo ou contribuir para melhorar a saúde do solo, levando também em consideração a adaptação às mudanças climáticas;

i) garantir níveis de água otimizados em solos orgânicos de modo que a estrutura e composição de tais solos não sejam afetadas negativamente;

j) no caso do cultivo de culturas, garantir a rotação e diversidade de culturas, levando em consideração diferentes famílias de culturas, sistemas radiculares, necessidades de água e nutrientes e manejo integrado de pragas;

k) adaptar o movimento do gado e o tempo de pastejo, levando em consideração os tipos de animais e a densidade do rebanho, de modo que a saúde do solo não seja comprometida e a capacidade do solo de fornecer forragem não seja reduzida;

l) Em caso de perda desproporcionada conhecida de uma ou várias funções que reduzam substancialmente a capacidade dos solos para prestar serviços do ecossistema, aplicar medidas específicas para regenerar essas funções do solo.

Referências

Padash A, Heydarnajad Giglou R, Torabi Giglou M, Azarmi R, Mokhtari AM, Gohari G, Amini M, Cruz C, Ghorbanpour M (2023) Comparing the toxicity of tungsten and vanadium oxide nanoparticles on Spirulina platensis. Environmental Science and Pollution Research 30: 45067-45076.

Soil Monitoring Law 2023/0232 (COD) - https://oeil.secure.europarl.europa.eu/oeil/popups/fichepro cedure.do?reference=2023/0232(COD)&l=en.

CAPÍTULO 6

A gestão da qualidade do solo com base em indicadores biológicos

Autores: Francisco Basílio[1], Teresa Dias[1], Juliana Melo[1]; Cristina Cruz[1], Lucas Zanchetta Passamani[3], Amanda Azevedo Bertolazi[2]

1 cE3c - Center for Ecology, Evolution and Environmental Changes & CHANGE - Global Change and Sustainability Instituto, Faculdade de Ciências da Universidade de Lisboa, Edifício C2, Piso 5, Sala 2.5.03, Campo Grande, 749-016 Lisboa, Portugal. 2 Laboratório de Microbiologia Ambiental e Biotecnologia (LMAB), Universidade Vila Velha (UVV), Biopráticas, Rua São João, 48, Divino Espírito Santo, 29101-420, Vila Velha, Espírito Santo, Brasil. 3 FAESA Centro Universitário, Av. Vitoria, 2220, Monte Belo, 29053-360, Vitoria, Espírito Santo, Brasil.

As propriedades físicas, químicas e biológicas do solo podem ser usadas para avaliar a qualidade do solo (Adetunji et al., 2017).

Os indicadores de qualidade do solo são de grande importância se puderem ser usados para monitorar o impacto de gestões específicas do solo e práticas agrícolas na saúde do solo (Bending et al., 2002; Alvear et al., 2005). Aqui, vamos focar nos indicadores biológicos, bioindicadores, e a sua importância para levar a agricultura a um patamar mais elevado de sustentabilidade.

Sabe-se que a biodiversidade do solo está relacionada com a integridade, funcionamento e sustentabilidade do solo em ecossistemas naturais e geridos. De fato, sabe-se que mudanças na biodiversidade alteram os processos dos ecossistemas e alteram a resiliência dos ecossistemas às mudanças climáticas (Chapin et al., 2000). Um bioindicador aborda a qualidade de todo ou apenas parte de um ecossistema e pode ser um organismo, uma parte de um organismo, um produto de um organismo, uma coleção de organismos ou um processo biológico (Killham e Staddon, 2002). Um bom bioindicador deve capturar a complexidade do ecossistema avaliado, embora deva ser simples o suficiente para ser fácil e frequentemente monitorado.

O desafio é usar um conjunto de bioindicadores que sejam representativos de todos os componentes do ecossistema, respeitando os critérios descritos acima (Dale e Beyeler, 2001; Dale et al., 2008). No entanto, para uma interpretação eficiente do impacto da gestão agrícola, é importante integrar os dados dos bioindicadores com indicadores químicos e físicos, a fim de ter uma abordagem mais holística para a análise do solo.

Atividades enzimáticas extracelulares do solo

As atividades enzimáticas extracelulares do solo (SEEA) são um dos bioindicadores mais comuns. As enzimas extracelulares são produzidas por plantas, animais e microrganismos, sendo a comunidade de microrganismos a principal fonte de produção de enzimas no solo. As enzimas do solo estão intrinsecamente correlacionadas com as propriedades químicas do solo (ex: matéria orgânica; pH), físicas (ex: temperatura e textura do solo) e biológicas (ex: atividade microbiana e biomassa) (Dick et al., 1997). Assim, a sua atividade é um bioindicador adequado para a qualidade do solo, uma vez que as SEEA respondem rapidamente a mudanças, são facilmente mensuráveis, fortemente relacionadas com a biodiversidade e desempenham um papel em muitos processos e reações importantes, como reciclagem, transformação de matéria orgânica e catalisação da maioria das reações biológicas, entre outros (Bending et al., 2002; Alvear et al., 2005; Utobo e Tewari, 2015). No entanto, é importante notar que a SEEA ilustra a atividade enzimática potencial do solo, mas não a atividade *in-situ*, uma vez que as determinações são desenvolvidas sob um conjunto estrito de pH, temperatura e concentração de substrato que diferem dos observados *in-situ* (Dick e outros, 1997). Ao avaliar a qualidade do solo por meio da análise da atividade enzimática, é necessário considerar que o monitoramento de uma única atividade enzimática não resulta em uma avaliação precisa da qualidade do solo. Isso ocorre porque uma única enzima responsável por catalisar apenas uma determinada reação não pode ser representativa de toda a atividade microbiológica do solo ou de todo o estado nutricional do solo devido à alta diversidade de microrganismos, substratos e processos no sistema do solo. A fertilidade do solo, a qualidade do solo e os processos microbianos do solo são o resultado de um conjunto diversificado de reações enzimáticas distintas. Assim, um conjunto de atividades enzimáticas deve ser selecionado para ser monitorado a fim de obter uma representação adequada da diversidade dos processos metabólicos do ecossistema do solo (Nannipieri et al., 2012).

É comum a SEEA selecionada estritamente relacionada com a reciclagem dos principais nutrientes do solo como carbono (C), nitrogênio (N) e fósforo (P). Além disso, às vezes as atividades enzimáticas relacionadas com o enxofre também são analisadas. A SEEA pode estar relacionada com o equilíbrio entre a abundância de nutrientes específicos no solo e sua demanda pela microbiota do solo. Como regra geral, podemos assumir que a produção de enzimas é regulada por retroalimentação negativa, ou seja, em condições de escassez de nutrientes há um investimento na produção de enzimas, enquanto que em condições de abundância há uma redução na produção de enzimas. Além disso, a SEEA pode ser influenciada pela presença ou ausência de inibidores. Por exemplo, quando certos tipos de metais pesados estão presentes no solo, espera-se uma inibição de pelo menos algumas SEEA, como fosfatases. Desta forma, a análise de algumas SEEA pode prever a presença de poluentes no solo.

O pH é um dos fatores mais relevantes na modelagem da SEEA. Quando o pH do solo se afasta do pH ideal da SEEA, a atividade enzimática normalmente diminui. As SEEA produzidos por plantas, microbiota e animais são excretadas para o solo onde se ligam a partículas do solo, como argila, ou são incorporadas a substâncias húmicas (de Almeida et al., 2015). Em resumo, as SEEA são de significativa importância devido à sua capacidade de: decomposição de insumos orgânicos, transformação da matéria orgânica do solo, transformação de nutrientes indisponíveis em formas disponíveis, participação na fixação de N_2, desintoxicação de xenobióticos e sua contribuição para os processos de nitrificação e desnitrificação.

ß-glicosidase

A celulose é o polímero mais abundante na biosfera e é o principal componente da biomassa vegetal. É considerada a principal fonte de hidratos de carbono e carbono para os microrganismos do solo e animais herbívoros (Stone, 2001; Klemm et al., 2005; Štursová et al., 2012). O processo de degradação da celulose é conduzido por um complexo enzimático chamado celulase. A celulase é constituída por três enzimas diferentes que quebram as ligações ß-1,4-glicosídicas da celulose para obtenção de glicose, sendo elas: endo-ß-1,4-D-glicanase, exo-ß-1,4-D-glicanase e ß-glicosidase, sendo a ß-glicosidase a enzima que catalisa a última reação para obtenção de glicose. O trabalho sinérgico entre essas três enzimas pode aumentar significativamente a taxa de hidrólise da celulose, enquanto cada enzima sozinha não é capaz de degradar completamente o complexo de celulose (Xi et al., 2013). Desta forma, um aumento na atividade da ß-glicosidase pode refletir em uma maior capacidade do solo em quebrar os resíduos vegetais, melhorando a disponibilidade de nutrientes no solo, bem como a ciclagem e o armazenamento de carbono no solo. Além disso, o aumento dessa atividade geralmente está relacionado com o aumento da biomassa microbiana do solo (Stott et al., 2010). Como a celulose é a principal fonte de hidratos de carbono mais comumente consumida pela microbiota do solo, a atividade da ß-glicosidase pode estar relacionada com as frações de carbono mais lábeis do solo. Dessa forma, a análise da atividade dessa enzima pode indicar a presença e o status de fontes de carbono no solo de boa qualidade. Assim, como a atividade da ß-glicosidase está intimamente relacionada não apenas com a quantidade de matéria orgânica do solo, mas também com sua qualidade, ela pode fornecer informações sobre as alterações no estado do carbono orgânico do solo de maneira rápida e sensível.

Devido à sensibilidade da enzima ao pH, uma mudança em sua atividade também pode indicar uma mudança no pH do solo. (Acosta-Martinez e Tatabai, 2000). Isso significa que mudanças no pH do solo que se desviam da faixa de pH ideal da ß-glicosidase (cerca de 5) diminuirão a sua atividade. Alta salinidade e concentrações de metais pesados no solo também estão relacionadas com a inibição da atividade da ß-glicosidase (Geiger et al., 1993). A Tabela 1 resume as características da atividade da ß-glicosidase como um bioindicador do solo.

TABELA 1: CARACTERÍSTICAS DA ß-GLICOSIDASE COMO BIOINDICADOR DA SAÚDE DO SOLO.

Principais funções	Bioindicador	Ativadores	Inibidores
Ciclo de nutrientes Decomposição da matéria orgânica (Fração de carbono lábil e celulase) Fornecedor de glicose ao ecossistema	Quantidade e qualidade de matéria orgânica Decomposição de matéria orgânica Fertilidade do solo Estado do ciclo de carbono Demanda de nutrientes por parte da biota do solo Crescimento microbiano Presença de poluentes Salinidade e hidratação do solo	Matéria orgânica (Carbono da fração lábil-celulose) Deficiência de carbono Disponibilidade de N e P Crescimento microbiano	Glicose Metais pesados Salinidade Seca

ß-xilosidase

A hemicelulose, em geral, é o segundo polímero mais abundante na biomassa vegetal. O xilano é um dos tipos mais comuns de hemicelulose e é um polímero feito de xilose ligada por ligações ß-1,4-glicosídicas (Nair et al., 2016; Bhardwaj et al., 2019). A degradação da hemicelulose requer um complexo enzimático chamado hemicelulase. O complexo hemicelulase responsável pela degradação do xilano é denominado xilanase e é composto por endo-1,4-ß--D-xilanase, ß-glicuronidase, acetil-xilana esterase, α-L-arabinofuranosidases, ácido p-cumárico esterase, ácido ferúlico esterase e ß-D-xilosidases. A degradação do xilano resulta em monossacarídeos de xilose que podem ser usados como fonte de carbono por alguns microrganismos (Linton e Greenaway, 2004; Bhardwaj et al., 2019). A glicose é considerada a principal fonte de carbono pelos microrganismos do solo, sendo que a xilose é consumida apenas como fonte alternativa de carbono, quando a glicose é escassa no solo (Sievert et al., 2017). Assim, pode-se considerar que a glicose é uma fonte de carbono mais lábil e facilmente consumida do que a xilose, uma fonte de carbono mais recalcitrante, pois a sua aquisição por hidrólise é mais complexa. Desta forma, a atividade da ß-xilosidase pode fornecer informações sobre a quebra e o consumo de reservas de carbono mais recalcitrantes. A Tabela 2 resume as características da atividade da ß-xilosidase como bioindicador do solo.

TABELA 2: CARACTERÍSTICAS DA ß-XILOSIDASE COMO BIOINDICADOR DA SAÚDE DO SOLO.

Principais funções	Bioindicador	Ativadores	Inibidores
Ciclo de nutrientes Decomposição da matéria orgânica (Fração de carbono recalcitrante - Xilano) Fornecedor de xilose para o ecossistema	Quantidade e qualidade da matéria orgânica Decomposição da matéria orgânica Nível de carbono no solo e do ciclo de carbono Necessidade de nutrientes pela microbiota do solo Crescimento microbiano Presença de poluentes no solo Salinidade e hidratação do solo	Matéria orgânica (frações de carbono recalcitrante - Xilano) Hemicelulose (xilano) Escassez de carbono Disponibilidade de N e P Crescimento microbiano	Xilose Frações lábeis de C Metais pesados Salinidade Seca

N-acetil-ß-glicosaminidase

A mineralização de compostos orgânicos de nitrogênio é mediada principalmente por enzimas produzidas por microrganismos do solo. A atividade da N-acetil-ß-glucosaminidase está associada à obtenção de nitrogênio a partir da hidrólise de quitina e peptidoglicano, de fungos e bactérias, respectivamente, por meio da remoção da N-acetil-glucosamina terminal. Uma vez que a quitina e o peptidoglicano são considerados uma fração significativa do nitrogênio no solo, a N-acetil-ß-glicosaminidase é uma enzima importante para a aquisição de N da fração de nitrogênio orgânico. Além disso, como a quitina é uma fonte abundante de matéria orgânica no solo, essa enzima também pode contribuir para a aquisição de carbono e fluxo de energia (Mori et al., 2021; Sinsabaugh et al., 2008; Su et al., 2016, Ueno et al., 1991). A N-acetil-ß-glicosaminidase pode ser usada como um índice de mineralização de nitrogênio no solo. Em alguns casos, em condições de abundância de nitrogênio, foi detectada uma alta atividade de N-acetil-ß-glicosaminidase que pode refletir outros fatores além da demanda de nitrogênio, como biomassa fúngica, já que a quitina vem de fungos (Wang et al., 2022). A Tabela 3 resume as características da atividade da N-acetil-ß-glicosaminidase como bioindicador do solo.

TABELA 3: CARACTERÍSTICAS DA *N*-ACETIL-ß-GLICOSAMINIDASE COMO BIOINDICADOR DA SAÚDE DO SOLO

Principais funções	Bioindicador	Ativadores	Inibidores
Ciclo de nutrientes Decomposição de quitina e peptidoglicanos Fornecedor de carbono e nitrogênio ao ecossistema	Qualidade da matéria orgânica Decomposição da matéria orgânica Aquisição de carbono e nitrogênio Demanda de nutrientes pela microbiota Presença de quitina e pepetidoglicanos no solo Biomassa fúngica Crescimento microbiano	Carbono orgânico do solo Quitina Peptideoglicanos Deficiencia de carbono e nitrogênio Disponibilidade de carbono Potencial de mineralização de nitrogênio Fósforo orgânico Carbono na biomassa microbiana Crescimento microbiano	Disponibilidade de nitrogênio Seca

Fosfatase

As fosfatases estão relacionadas com a aquisição de fósforo a partir de compostos orgânicos (Tarafdar e Claassen, 1988). As fosfatases podem degradar o seu substrato em condições de pH ácido ou alcalino. As fosfatases ácidas apresentam atividade catalítica ideal em faixas de pH ácido. Para as fosfatases alcalinas, os valores de pH alcalino estão associados a um melhor desempenho catalítico. As fosfatases alcalinas são produzidas exclusivamente pela microbiota do solo, enquanto as fosfatases ácidas são produzidas tanto pela microbiota do solo quanto pela planta. A matéria orgânica do solo é o principal substrato para a atividade das fosfatases (Acuña et al., 2016). Os microrganismos solubilizadores de fósforo são microrganismos capazes de solubilizar fósforo, ou seja, converter as formas indisponíveis de fósforo em formas disponíveis. Um desses mecanismos é a excreção de fosfatases. Essa excreção pode ser motivada pela necessidade de consumo de fósforo e/ou pela falta de fósforo disponível no solo. A concentração de fósforo disponível parece regular a produção de fosfatase: há maior produção de fosfatase quando há uma redução significativa na concentração de fósforo disponível e por sua vez a atividade da fosfatase diminui quando o fósforo abundante está disponível (Rodríguez e Fraga, 1999; Baldwin et al., 2001; Wasaki et al., 2003). O P total compreende todas as formas de P presentes no solo, incluindo aquelas que não são compatíveis como substrato para fosfatases, como as formas recalcitrantes ocluídas de fósforo. Uma vez que apenas uma pequena fração do pool de fósforo orgânico é capaz de liberar ortofosfatos livres através das reações da fosfatase, o pool de fósforo total é um mau preditor da atividade da fosfatase. Solos com alto pool de fósforo orgânico foram positivamente correlacionados com a atividade potencial da fosfatase ácida e, portanto, sendo o reservatório de fósforo orgânico um substrato natural para a fosfatase, é um indicador da capacidade do sistema em obter fósforo por meio da atividade da fosfatase (Margalef et al., 2017). Devido ao fato de as leguminosas necessitarem de mais fósforo para o estabelecimento da relação rizóbio-simbiótica, essas plantas são descritas como produtoras de maior concentração de fosfatases do que as plantas de cereais. As fosfatases necessitam de uma quantidade considerável de N para sua formação e atividade, desta forma, um aumento na disponibilidade de N geralmente está associado a um aumento na atividade da fosfatase. Uma vez que a demanda de fósforo por plantas e microrganismos pode estar ligada à produção e atividade da fosfatase do solo (Condron et al., 2005), esta atividade enzimática pode ser usada como um indicador da disponibilidade de fósforo inorgânico para plantas e microrganismos (Piotrowska-Dlugosz e Charzynski, 2015).

TABELA 4: CARACTERÍSTICAS DA *FOSFATASE* COMO BIOINDICADOR DA SAÚDE DO SOLO

Principais funções	Bioindicador	Ativadores	Inibidores
Ciclo de nutrientes Decomposição da matéria orgânica Fornecedor de ortofosfato para o sistema	Quantidade e qualidade da matéria orgânica Ciclo do fósforo Crescimento microbiano Necessidade de nutrientes pela microbiota do solo Presença de metais pesados	Matéria orgânica Reservatório de fósforo orgânico Disponibilidade de nitrogênio Deficiência de fósforo Crescimento microbiano	Ortofosfatases Metais pesados Salinidade Seca

Micorrizas arbusculares

Os fungos micorrízicos arbusculares são conhecidos por estabelecerem simbioses com as raízes das plantas, conferindo nutrientes à planta, em troca de hidratos de carbono. A presença desses fungos no solo é muitas vezes percebida como positiva para as culturas devido à sua capacidade de trocar os nutrientes necessários com as plantas. Até 20% do total de fotossintetizados gerados pela planta podem ser fornecidos aos fungos micorrízicos arbusculares. Apesar disso, os micélios dos fungos micorrizicos arbusculares também liberam compostos de carbono influenciando a biota do solo. Em relação ao nitrogênio, vários estudos têm mostrado a capacidade dos fungos micorrízicos arbusculares fornecerem nitrogênio para a planta a partir de fontes orgânicas como matéria orgânica e folhada. Curiosamente, os fungos micorrizicos arbusculares convertem o nitrogênio orgânico em forma de nitrogênio inorgânico antes de liberá-lo para a planta. Ao contrário do fósforo, a aquisição de nitrogênio pelos fungos micorrizicos arbusculares não está diretamente relacionada com a quantidade de nitrogênio disponível no solo, pois a relação entre fungos micorrizicos arbusculares e aquisição de nitrogênio é complexa e depende de muitos fatores. No entanto, parece que o status de fósforo no solo é um fator relevante que pode moldar essa relação. De todos os nutrientes, o fosforo parece ser um dos mais relevantes para a simbiose entre plantas e fungos micorrizicos arbusculares. Todas as espécies de fungos micorrizicos arbusculares são capazes de contribuir com fósforo para o seu hospedeiro, particularmente em ambientes com baixo teor em fósforo. Normalmente, os ortofosfatos do solo regulam esta simbiose micorrízica: quando há maior concentração de ortofosfato no solo a simbiose é reduzida, ao contrário, quando há falta de ortofosfato o estabelecimento da simbiose é potencializado. A micorriza arbuscular também é capaz de fornecer micronutrientes à planta e potencializar as interações com a microbiota do solo. Apesar de toda a aquisição de nutrientes, estes fungos contribuem para a saúde do solo devido ao seu potencial de fitorremediação. Em solos contaminados com metais pesados, estes fungos têm a capacidade de impedir a absorção de contaminantes pela planta, por meio do sequestro na parede celular do fungo. O estabelecimento e o resultado dessa simbiose também dependem da espécie vegetal hospedeira.

Principais atividades	Ativadores	Inibidores
Estimulação da aquisição de nutrientes (macro e micro) pela planta		
Maior resistência das plantas à seca		Fósforo total
Melhor desempenho fotossintético da planta	Carbono orgânico	Elevada concentração de fósforo disponível
Maior área radicular		
Biorremediação	Baixa concentração de fosfato	Elevada concentração de nitrogênio
Armazenamento de nutrientes	Rotação de culturas	Elevada salinidade
Interação microbiana		Perturabação do solo
Maior resistência das plantas à doença		
Promove a formação de agregados no solo		

Carbono da biomassa microbiana

A biomassa microbiana do solo representa cerca de 5% do carbono presente no solo (Gonzalez-Quiñones et al., 2011). Este parâmetro é um proxy do tamanho da população microbiana do solo. O tipo e a quantidade de substratos orgânicos, a temperatura e a umidade são os fatores que determinam predominantemente a quantidade de biomassa microbiana no solo. Apesar dessa pequena porcentagem, os microrganismos do solo são muito relevantes em vários processos fundamentais do solo, como reciclagem de nutrientes, fluxo de energia e decomposição de matéria orgânica. A biomassa microbiana também é uma fonte lábil de carbono, nitrogênio, fósforo e enxofre de forma que, quando os microrganismos morrem, os nutrientes que fazem parte da biomassa microbiana morta podem ser rapidamente convertidos em formas inorgânicas para consumo vegetal. Assim, a biomassa microbiana é um importante sumidouro de nutrientes. A biomassa microbiana pode fornecer uma indicação precoce de contaminação por metais pesados e pesticidas, uma vez que a população de microrganismos do solo é reduzida quando um desses contaminantes está presente em altas concentrações. Esta fração de carbono é particularmente dinâmica na resposta rápida a mudanças no ambiente do solo, podendo funcionar como um bioindicador eficaz da "saúde do solo" (Tabela 6; Joergensen e Brookes, 2005).

TABELA 6: CARACTERÍSTICAS DO CARBONO DA BIOMASSA MICROBIANA COMO BIOINDICADOR DA SAÚDE DO SOLO

Principais funções	Bioindicador	Ativadores	Inibidores
Nutrição do solo em carbono Armazenamento de carbono no solo Agregação do solo Fontes lábeis de nutrientes	Tamanho da população microbiana Disponibilidade de nutrientes para atividade biológica Poluentes e metais pesados Reciclagem de nutrientes Alterações da matéria orgânica Alterações da biologia dos solos Seca Salinidade Qualidade e fertilidade do solo	Matéria orgânica Nutrientes em quantidades equilibradas Biomassa microbiana Umidade do solo	Seca Salinidade Poluentes Metais pesados Pesticidas Escassez de nutrientes

Desidrogenase

A desidrogenase é uma enzima intracelular que desempenha um papel na cadeia de respiração microbiana que pode ser usada como um bioindicador da atividade microbiana geral do solo (Piotrowska-Dlufosz e Wilczewski, 2014) e é o principal representante da classe de enzimas oxidorredutase no solo. Essa atividade enzimática está associada à oxidação biológica orgânica do solo pela transferência de H^+ de compostos orgânicos para inorgânicos. A atividade da desidrogenase, portanto, reflete a capacidade metabólica do solo e é proporcional à biomassa microbiana ativa no solo. Portanto, a atividade da desidrogenase tem sido apontada como um bom bioindicador das atividades oxidativas microbianas do solo (Zhang et al., 2010). O estado de umidade do solo afeta a atividade microbiana do solo e, consequentemente, sua produção de enzimas. A atividade da desidrogenase é então influenciada pelo teor de água do solo e é reduzida quando a umidade do solo cai. Como afirmado anteriormente, existe uma forte conexão entre a atividade enzimática e o teor de matéria orgânica, e isso não é exceção para a desidrogenase. Altas quantidades e qualidade de matéria orgânica presente no solo podem fornecer substrato suficiente para suportar maior biomassa e atividade microbiana, portanto, atividade de desidrogenase. Desta forma, existe uma relação positiva entre a atividade da desidrogenase e a biomassa microbiana e a quantidade e qualidade da matéria orgânica do solo (Tabela 7). Em relação à temperatura, a atividade da desidrogenase deve ser maior na temperatura ótima para o crescimento e desenvolvimento dos microrganismos do solo. Normalmente existe uma correlação positiva entre a atividade da desidrogenase e a temperatura, até que se atinja um valor de temperatura desfavorável ao desenvolvimento microbiano e as enzimas sejam desnaturadas. A profundidade também influencia a atividade da desidrogenase, pois é na camada superficial e na rizosfera onde encontramos a biomassa microbiana mais abundante e, portanto, uma maior atividade enzimática. Em termos de fertilização, tem sido descrito por muitos autores que a fertilização orgânica tem um efeito maior no aumento da atividade enzimática do que a fertilização inorgânica, devido aos seus compostos orgânicos superiores que sabidamente afetam positivamente a atividade enzimática. Uma fertilização bem balanceada é benéfica para a atividade enzimática, como a desidrogenase. Quantidades excessivas de fertilizantes inorgânicos e pesticidas têm um forte impacto negativo na atividade da desidrogenase. A atividade da desidrogenase pode então ser um bioindicador da presença de poluente ou excesso de nutrientes no solo. O mesmo para os metais pesados, uma vez que tem efeito adverso no desenvolvimento e atividade da microbiota do solo, com consequências negativas para a atividade da desidrogenase.

TABELA 7: CARACTERÍSTICAS DA DESIDROGENASE COMO BIOINDICADOR DA SAÚDE DO SOLO

Principal função	Bioindicador	Ativadores	Inibidores
Oxidação biológica da matéria orgânica do solo	Atividade biológica do solo	Matéria orgânica	Seca
	Qualidade e fertilidade do solo	Temperatura	Profundidade
	Presença de poluentes e metais pesados	Biomassa microbiana	Poluentes e metais pesados
		Umidade do solo	

Gestão do solo

Fertilização

A fertilização visa repor a quantidade de nutrientes no solo extraída pelas culturas. A quantidade de nutrientes disponíveis no solo pode não ser exatamente a quantidade ou o equilíbrio de nutrientes necessários para o crescimento e desenvolvimento ideal da cultura. Desta forma, a fertilização é crucial para fornecer ao solo os nutrientes necessários nas proporções certas para o alto rendimento das culturas. A adubação pode ser química (também denominada mineral, inorgânica ou sintética) ou orgânica. A adubação química contém maior concentração de nutrientes primários como N, P e K, na forma de sais inorgânicos. Elementos secundários (como Ca, Mg e S) em suas formas inorgânicas também podem ser encontrados. Macro e micronutrientes são geralmente fornecidos por diferentes combinações de sais. Em linhas gerais, os fertilizantes são extraídos das rochas por processos físicos e/ou químicos (exceto os fertilizantes nitrogenados que são sintetizados a partir do N atmosférico). No que diz respeito aos fertilizantes orgânicos, os nutrientes são derivados de materiais de origem vegetal e animal ou outros constituintes orgânicos. Os biofertilizantes, ou seja, fertilizantes à base de microrganismos, também são considerados fertilizantes orgânicos. Normalmente, este tipo de adubo tem na sua composição não só os nutrientes primários e secundários mas também os micronutrientes que as culturas necessitam para o seu desenvolvimento. Tanto os fertilizantes químicos quanto os orgânicos contribuem para uma maior produção de alimentos, essenciais para atender a uma demanda populacional crescente. Ambos os tipos de fertilizantes, por fornecerem nutrientes essenciais, podem contribuir para estimular o crescimento de microrganismos do solo, bem como suas atividades, que podem alterar a diversidade microbiana. O aumento da diversidade microbiana é crucial para a estabilidade e produtividade dos ecossistemas. Porém, devemos analisar os impactos de curto e longo prazo dos diferentes tipos de adubação na lavoura e no solo, a fim de estarmos atentos às consequências ambientais do uso de fertilizantes.

Fertilização química

O uso de fertilizantes minerais está em crescendo a nível global. Os fertilizantes minerais estão prontos para serem utilizados pelas plantas e pela biota do solo. Desta forma, em solos pouco fertilizados, a adição de fertilização química equilibrada pode melhorar o desenvolvimento do microbioma do solo e a resiliência do ecossistema e aumentar o estado de saúde do solo. Por exemplo, a adição de nitrogênio em solos com escassez de nitrogênio pode contribuir para aumentar a biomassa microbiana, uma vez que os microrganismos do solo podem ser limitados em nitrogênio. Um aumento na biomassa e diversidade microbiana está relacionado com o aumento do crescimento da planta, o que resulta em maior rizodeposição, com um feedback positivo na biomassa e diversidade microbiana. No entanto, o uso excessivo de fertilizantes tem impactos ambientais negativos agudos no que diz respeito à atmosfera, água, solo e biosfera. O principal motivo é contribuir para o acúmulo de nutrientes no solo, já que apenas uma porcentagem do total de fertilizante aplicado é consumida pela planta. Por exemplo, em relação aos fertilizantes nitrogenados apenas 50-60% do nitrogênio aplicado é levado pelas culturas e para os fertilizantes fosfatados esse percentual é ainda menor, chegando a menos de 25%.

No que diz respeito à atmosfera, a biodegradação do fertilizante nitrogenado acumulado no solo por microrganismos é o principal contribuinte direto da emissão de N_2O para a atmosfera, um poderoso gás com efeito estufa.

Os nutrientes do solo que não são consumidos, são propensos a serem lixiviados até atingirem os corpos d'água, o que contribui para os fenômenos de eutrofização e acidificação, e também para a poluição da água pelo acúmulo de xenobióticos que podem estar presentes na composição dos fertilizantes. Além disso, no solo, o uso excessivo de fertilizantes químicos tem consequências nas propriedades físicas, químicas e biológicas do solo. A quantidade e a qualidade da matéria orgânica do solo influenciam a qualidade do solo, causando impactos na comunidade microbiana e na produtividade das culturas. Em solos pobres em nutrientes, a adição de fertilizantes inorgânicos pode aumentar a matéria orgânica do solo, favorecendo o desenvolvimento de culturas que contribuem para um maior acúmulo de resíduos de culturas e também para a produção de mais exsudatos radiculares. No entanto, alguns estudos relataram um esgotamento da matéria orgânica do solo em solos fertilizados a longo prazo. A perda de matéria orgânica representa um impacto negativo nas propriedades físicas, químicas e biológicas do solo, afetando a saúde e a qualidade do solo e, consequentemente, a produtividade das plantas. É importante compreender que um manejo de adubação agrícola baseado apenas na adubação química, só adicionará nutrientes minerais ao solo, e não matéria orgânica. Sem a adição de compostos orgânicos, a produção contínua de culturas e a atividade microbiológica associada à sua produção podem degradar e esgotar os compostos de matéria orgânica presentes, que são consumidos para sustentar a produtividade do solo, a uma taxa superior à adição de matéria orgânica através dos exsudados das raízes e restos culturais. Porém, mesmo nos casos em que os estudos relatam um incremento de matéria orgânica por meio da adição de adubação química, esse incremento é sempre inferior ao associado à adubação orgânica. As mudanças na interação microrganismo-planta também estão relacionadas com a duração da fertilização química. A matéria orgânica possui em sua composição diferentes tipos e quantidades de compostos orgânicos com diferentes graus de complexidade estrutural. A diversidade de compostos orgânicos favorece o desenvolvimento de diferentes microbiotas capazes de decompor os diferentes substratos orgânicos disponíveis, contribuindo para uma diversificada comunidade microbiana do solo. Um manejo agrícola que dependa apenas da adubação química não aumentará a diversidade da comunidade microbiana, pois os insumos recebidos são apenas os mesmos compostos minerais, com menor diversidade entre eles. Como consequência, o microbioma do solo mais adaptado a essas condições de alto teor de nutrientes levará ao esgotamento das fontes de carbono mais lábeis e à não utilização de outros compostos orgânicos mais complexos.

Para apoiar esta teoria, verificou-se que em solos adubados quimicamente há uma redução na abundância de genes funcionais microbianos, como os responsáveis pela ciclagem do carbono, especialmente aqueles relacionados com a ciclagem de frações de carbono recalcitrante, reduzindo assim a taxa de renovação da matéria orgânica do solo. Desta forma, a fertilização química de longo prazo pode impactar negativamente a eficiência do microbioma do solo na degradação do carbono recalcitrante. Em resumo, em condições de alto teor de nutrientes, há uma heterogeneidade reduzida de nutrientes disponíveis fazendo com que menos espécies possam se desenvolver devido à ausência de substratos mais diversos. O pequeno número de espécies que podem se adaptar a essas novas condições reduzirá a riqueza de espécies devido a uma vantagem competitiva, reduzindo a diversidade. A longo prazo, a menor heterogeneidade dos nutrientes disponíveis também reduzirá o número de espécies de plantas, tendo impacto também na comunidade microbiana: diferentes plantas liberam diferentes tipos e quantidades de exsudatos radiculares que influenciarão a comunidade microbiana na rizosfera. Devido a todas essas consequências, podemos supor também que a fertilização química a longo prazo enfraquece a relação entre plantas e microorganismos. Por exemplo, estudos mostraram que os rizóbios são menos propensos a contribuir para o crescimento das plantas em solos fertilizados com alto teor de N. Essa menor diversidade pode ser ilustrada pelo não desenvolvimento de bactérias e fungos cruciais que são responsáveis por importantes processos do solo, como interações de fixação de N com plantas, nitrificação e outros. Também podemos supor que a fertilização química de longo prazo afeta negativamente importantes funções do solo, como ciclagem de carbono recalcitrante, fixação de N e desnitrificação. Com relação à acidez do solo, o uso excessivo de adubação química diminui o pH do solo. A diminuição do pH é principalmente impulsionada pela fertilização de N contendo N-amônia. A fertilização com N pode causar acidificação do solo de várias formas, mas a principal é quando o N-amoníaco sofre nitrificação (conversão de amônia em nitrato pelas bactérias do solo) que libera íons H^+, aumentando a acidez do solo. A maior quantidade de H^+ no solo leva à solubilização de minerais que em grandes quantidades podem ser tóxicos para as plantas e para a microbiota, como o alumínio (Al) e o manganês (Mg). Este mineral tóxico quando entra na solução do solo, interfere no desenvolvimento da planta e inibe a absorção de outros nutrientes essenciais como cálcio (Ca) e fósforo (P).

Desta forma, a acidez reduz a disponibilidade de nutrientes essenciais para a planta e o microbioma e aumenta a toxicidade na planta e no ecossistema do solo. Além disso, o pH é um dos principais determinantes da estrutura da comunidade de microrganismos do solo. O pH ideal para a maioria das bactérias benéficas do solo está em torno do pH neutro (5-5-6,5). Desta forma, um baixo pH impulsionado pela aplicação de fertilizantes pode afetar o desenvolvimento e a eficiência da microbiota do solo no desenvolvimento de suas funções do solo. Da mesma forma, o desenvolvimento das plantas também é afetado pelo baixo pH do solo, já que a maioria das lavouras tem um melhor desenvolvimento em valores de pH próximos ao neutro. Desta forma, a redução do pH do solo pode contribuir para a diminuição da biomassa de microrganismos que impactam funções essenciais do solo.

Em relação à desidrogenase, observou-se que a atividade desta enzima intracelular é reduzida em solos que receberam altas quantidades de adubação NPK, o que sugere que quantidades excessivas de fertilizante mineral diminuem a atividade microbiana do solo. No entanto, é importante ressaltar novamente que um manejo bem balanceado da fertilização pode de fato aumentar a atividade dessa enzima, ou seja, a atividade microbiana do solo. No entanto, o incremento de desidrogenase foi sempre maior nos tratamentos de fertilização orgânica com carbono em comparação com a fertilização inorgânica com carbono. As atividades enzimáticas extracelulares são complexas devido ao fato de que suas atividades são reguladas por um balanço nutricional estequiometricamente entre os diferentes nutrientes necessários. Normalmente, as enzimas são inibidas por seus produtos finais e são estimuladas pela entrada de matéria orgânica. Assim, geralmente podemos supor que há uma menor atividade enzimática extracelular em campos de fertilização química de longo prazo do que em solos fertilizados com carbono orgânico. Mas, espera-se, por exemplo, um aumento nas atividades de fosfatase quando altas concentrações de nitrogênio são adicionadas ao solo, a fim de manter o equilíbrio nutricional do solo. As micorrizas são afetadas negativamente pela abundância de nutrientes disponíveis, especialmente P. Desta forma, espera-se que solos altamente fertilizados tenham menor abundância de micorrizas. Podemos concluir, portanto, que a fertilização química pode ter efeitos positivos no solo e na produção agrícola. No entanto, seu uso intensivo a longo prazo pode impactar negativamente as propriedades e funcionalidades do solo, o que pode contribuir para uma menor saúde e fertilidade do solo.

Fertilização orgânica

Os fertilizantes orgânicos de carbono mais comumente usados são esterco animal, biossólidos municipais, resíduos de colheitas, composto e digerido. A adição de maior quantidade de matéria orgânica pela aplicação de fertilizantes orgânicos à base de carbono orgânico, causa consequências positivas a nível físico, químico e biológico, melhorando a qualidade do solo e favorecendo a produtividade das culturas. Altas quantidades de carbono orgânico impactam positivamente a estrutura do solo favorecendo a capacidade de retenção de água do solo. A aplicação de corretivos de carbono orgânico também pode impactar o pH do solo, mas depende do corretivo utilizado. Os compostos de matéria orgânica também são uma fonte de microorganismos. Ao servir de substrato para o desenvolvimento de microrganismos, uma maior quantidade de matéria orgânica contribui também para o desenvolvimento de uma maior biomassa microbiana, os condutores das funções biológicas do solo. A alta quantidade e diversidade de compostos presentes no fertilizante orgânico de carbono adicionado favorece o desenvolvimento de diferentes microorganismos com potenciais funções positivas no solo: degradação de carbono orgânico recalcitrante, solubilização de nutrientes, produção de antibióticos, etc, sendo percebido como um bom indicador de uma boa qualidade do solo. Além disso, é importante ressaltar que devido à grande diversidade de compostos que podemos encontrar nos adubos orgânicos de carbono, ele irá agregar nutrientes que não são encontrados na adubação química, como micronutrientes, que são cruciais para um bom desenvolvimento da lavoura. Uma das características dos fertilizantes de carbono orgânico é que ele tem uma liberação lenta de nutrientes para o solo. Isso acontece porque os compostos de carbono orgânico têm que ser primeiro decompostos pela ação microbiana para liberar os nutrientes disponíveis, sendo essa decomposição mais rápida ou lenta dependendo da complexidade de sua estrutura. A liberação lenta de nutrientes tem lados positivos e negativos: a liberação gradual de macro e micronutrientes pode manter um equilíbrio adequado de nutrientes para um bom desenvolvimento da cultura, evitando perdas de nutrientes disponíveis para os corpos d'água, mas também a necessidade de nutrientes disponíveis para as culturas pode ser maior do que a taxa de liberação de nutrientes. Comparando com a adubação química, a adubação orgânica geralmente melhora a estrutura do solo, a quantidade e qualidade da matéria orgânica do solo, a comunidade de biomassa microbiana e a funcionalidade do solo. Devido à maior abundância de fontes de carbono, geralmente os tratamentos com fertilizantes de carbono orgânico aumentam as atividades enzimáticas extracelulares do solo associadas ao ciclo do carbono, como ß-glucosidase e N-acetilglucosaminidase. A adição de compostos de carbono orgânico ricos em P, como esterco, geralmente está associada ao aumento da atividade da fosfatase. Assim, comparando com a adubação química, o manejo do carbono orgânico é capaz de aumentar o teor de carbono total do solo e os substratos enzimáticos do carbono orgânico que por sua vez podem ser revelados em maior atividade hidrolítica relacionada à ciclagem de C, N e P. Comparando-se a adubação orgânica com a adubação química, foi relatada que há uma maior taxa de colonização de micorriza arbuscular nos solos manejados com carbono orgânico do que nos que receberam adubação química. As plantas em manejo de adubação orgânica geralmente apresentam maior dependência da colonização por micorrizas do que as plantas dos tratamentos químicos. Uma das principais explicações é que não apenas um maior teor de matéria orgânica em carbono beneficia o desenvolvimento das micorrizas, mas também a menor quantidade de nutrientes disponíveis no solo fertilizado com carbono orgânico torna as plantas e as micorrizas mais propensas ao estabelecimento da relação de simbiose. No entanto, em algumas situações não é razoável usar apenas adubação orgânica para sustentar a produção das plantas, uma vez que não fornecem grandes quantidades de NPK prontamente disponíveis, portanto deve-se buscar um manejo agrícola integrado bem balanceado com adubação orgânica e química. De fato, muitas vezes foi descoberto que a combinação de ambos os tipos de fertilização está associada ao aumento da matéria orgânica do solo, redução da acidificação, melhoria da capacidade de retenção de água, resistência e compactação do solo.

Bioindicadores	Fertilização química	Fertilização orgânica	Fertilização mista
Atividade das enzimas extracelulares	↓	↑	↑
Micorrizas arbusculares	↓	↑	↑
Carbono da biomassa microbiana	↓	↑	↑
Desidrogenase	↓	↑	↑
Disponibilidade de nutrientes	↑	↓	↑
Produtividade	↑	↓	↑

Mobilização do solo

A mobilização do solo é definida como a sua preparação por meio de perturbações mecânicas que podem ser de tipos distintos, mas que sempre causam grande impacto nas propriedades do solo. Os agricultores geralmente cultivam o solo para evitar a sua compactação, má drenagem e aeração. No entanto, esta prática tem consequências negativas para o solo a curto e longo prazo, a nível físico, químico e biológico. O preparo do solo acelera os processos de decomposição do carbono orgânico e liberação do carbono por oxidação. Além disso, a maior parte da matéria orgânica do solo e as atividades de biodegradação biológica do solo estão nos primeiros centímetros do solo. Espera-se então que um menor conteúdo de carbono orgânico afete negativamente a comunidade e atividade da biomassa microbiana. Apesar disso, a prática do preparo do solo também pode alterar a localização da matéria orgânica do solo e, consequentemente, a estrutura do solo. Relata-se que o plantio direto ou plantio conservador é capaz de diminuir 3°C da temperatura da camada superficial do solo quando comparado com a camada superficial de um solo cultivado. Além disso, o plantio direto está associado a uma maior capacidade de retenção de água no solo, reduzindo assim a aeração do solo. Nos climas mediterrâneos, caracterizados pelos verões secos e quentes, os efeitos do plantio direto têm grande impacto na produtividade biológica do solo, pois a manutenção de temperaturas mais baixas na camada superficial do solo e uma maior capacidade de retenção de água contribuem para uma maior atividade biológica. Na verdade, é comumente observado que uma maior atividade de desidrogenase geralmente está associada a sistemas de solo de plantio direto. No que diz respeito às micorrizas, apesar das alterações na estrutura do solo e no teor de matéria orgânica, é fácil compreender como a intervenção mecânica do solo pode danificar a estrutura dos micélios dos fungos micorrízicos. A ruptura do micélio tem consequências ao nível do desenvolvimento da micorriza e na simbiose entre a planta e os fungos, com impacto negativo para o ecossistema do solo. Devido ao impacto sobre as micorrizas, o preparo do solo muitas vezes afeta a absorção de P pela planta e também a estabilidade da agregação do solo, uma função importante impulsionada pelas micorrizas. Desta forma, o preparo do solo pode afetar a matéria orgânica, a biomassa microbiana e as micorrizas, reduzindo direta e indiretamente as atividades das enzimas extracelulares produzidas principalmente pelos microrganismos do solo e relacionadas com a quantidade e qualidade da matéria orgânica do solo.

Bioindicadores	Mobilização do solo	Sem ou pouca mobilização
Atividade das enzimas extracelulares	↓	↑
Micorrizas arbusculares	↓	↑
Carbono da biomassa microbiana	↓	↑
Desidrogenase	↓	↑

Cobertura orgânica do solo

A cobertura orgânica é a prática de aplicação de cobertura morta para cobrir a superfície do solo, que visa aumentar a conservação da água, aumentando a infiltração de água, retardando a erosão do solo e reduzindo o escoamento superficial. Essa prática também controla a temperatura do solo, a umidade e reduz a evaporação do solo. O material de cobertura morta pode ser orgânico ou inorgânico. A cobertura morta tem a vantagem de incorporar matéria orgânica no solo, mas também pode ser uma fonte de sementes indesejadas que podem se desenvolver como ervas daninhas. A cobertura morta de carbono inorgânico (geralmente de origem plástica) pode ter uma melhor eficiência na redução da evaporação e no controle da umidade do solo, mas, a longo prazo, pode levar à poluição do solo por plástico e outros contaminantes. Devido aos seus impactos benéficos na estrutura do solo, foi relatado que a cobertura morta aumenta a biomassa microbiana e, consequentemente, a melhoria dos serviços positivos do solo direcionados aos microrganismos do solo, como mineralização de nutrientes, maior eficiência na degradação de matéria orgânica, etc. Isso pode ser explicado pela melhoria da disponibilidade de carbono e água para os microrganismos. Pelas mesmas razões, as condições mais adequadas fornecidas pela cobertura morta, e o maior teor de carbono pela cobertura orgânica de carbono, também devem aumentar as atividades de enzimas como desidrogenase e as atividades enzimáticas extracelulares relacionadas com a ciclagem de carbono, nitrogênio e fósforo e potencialmente beneficiar desenvolvimento de micorrizas.

Bioindicadores	Solo nú	Solo coberto
Atividade das enzimas extracelulares	⬇	⬆
Micorrizas arbusculares	⬇	⬆
Carbono da biomassa microbiana	⬇	⬆
Desidrogenase	⬇	⬆

Rotação de culturas

A rotação de culturas é a prática de plantar diferentes culturas sequencialmente na mesma parcela. Essa técnica tem como função contribuir para a saúde do solo, por meio do aumento da diversidade da comunidade microbiana do solo, otimizando os nutrientes do solo e combatendo a propagação de pragas e ervas daninhas. Como já foi dito, uma maior diversidade de culturas produzirá diferentes tipos de exsudatos radiculares e resíduos de culturas que, por sua vez, recrutarão e aumentarão o desenvolvimento de uma maior diversidade de microrganismos com diferentes funções potenciais no solo, como mineralização de nutrientes, produção de antibióticos etc. Desta forma, será mais difícil o surgimento de pragas potenciais, pois a probabilidade de haver um microrganismo que produza um antibiótico eficaz para uma determinada praga é maior em ambientes com maior diversidade de microrganismos funcionais. Além disso, os microrganismos mais diversos produzirão, potencialmente, diferentes tipos de enzimas que são capazes de catalisar a degradação de diferentes fontes de carbono, que podem disponibilizar outros tipos de nutrientes para plantas e desenvolvimento microbiano, enquanto economizam fontes de carbono mais lábeis. Uma comunidade microbiana do solo mais diversa está diretamente relacionada com uma maior saúde do solo.

Bioindicadores	Monocultura	Rotação de culturas
Atividade das enzimas extracelulares	⬇	⬆
Micorrizas arbusculares	⬇	⬆
Carbono da biomassa microbiana	⬇	⬆
Desidrogenase	⬇	⬆

Conclusões

É claro que a chamada agricultura convencional teve grandes benefícios no aumento do rendimento das culturas para fornecer os alimentos necessários para a crescente população humana. No entanto, os meios utilizados para alcançar essa eficácia na produção de alimentos também afetaram as interações ecossistêmicas entre plantas-microrganismos e microrganismos-microrganismos, com consequências negativas para o ambiente do solo a longo prazo, tornando os solos menos viáveis para a produção de alimentos no presente e futuro. Se quisermos sistemas agrícolas sustentáveis, é obrigatório preservar e potencializar esses tipos de interações, pois são elas as responsáveis pelo desencadeamento de processos e funções essenciais do solo que mantêm um ecossistema bem equilibrado. Desta forma, temos que olhar para o solo com uma abordagem holística onde os fatores físicos, químicos e biológicos são contemplados. Os bioindicadores do solo podem ser uma ferramenta útil para avaliar a parte biológica do solo e os principais impulsionadores dos processos do solo, a fim de nos ajudar a fazer uma ilustração do estado de saúde do solo e nos orientar em futuras decisões de manejo agrícola para garantir a sustentabilidade do sistema de solo.

Referências

Acosta-Martinez V, Tabatabai MA (2000) Enzyme activities in a limed agricultural soil. Biology and Fertility of soils 31(1): 85-91.

De Almeida RF, Naves ER, da Mota RP (2015) Soil quality: Enzymatic activity of soil b-glucosidase. Global Journal of Agricultural Research and Reviews 3(2): 146-150.

Mori T, Aoyagi R, Kitayama K, Mo J (2021) Does the ratio of b-1,4-glucosidase (BG) to b-1,4-N-acetylglucosaminidase (NAG) indicate the relative resource allocation of soil microbes to C and N acquisition?. Soil Biology and Biochemistry 160: 108363.

Stott DE, Andrews SS, Liebig MA, Wienhold BJ, Karlen DL (2010) Evaluation of b-glucosidase activity as a soil quality indicator for the soil management assessment framework. Soil Science Society of America Journal 74(1): 107-119.

Wang Z, Wang S, Bian T, Song Q, Wu G, Awais M, Liu Y, Fu H, Sun Z (2022) Effects of nitrogen addition on soil microbial functional diversity and extracellular enzyme activities in greenhouse cucumber cultivation. Agriculture 12(9): 1366.

Ueno H, Miyashita K, Sawada Y, Oba Y (1991) Assay of chitinase and N-acetylglucosaminidase activity in forest soils with 4-methylumbelliferyl derivatives. Journal of Plant Nutrition and Soil Science 154(3): 171-175.

CAPÍTULO 7

Agricultura de precisão e agricultura inteligente – como mobilizar os profissionais?

Autores: Ana Maria Ventura[1], Alessandro Coutinho Ramos[2], Cristina Cruz[1], Lucas Zanchetta Passamani[3], Amanda Azevedo Bertolazi[2]

1 cE3c - Center for Ecology, Evolution and Environmental Changes & CHANGE - Global Change and Sustainability Instituto, Faculdade de Ciências da Universidade de Lisboa, Edifício C2, Piso 5, Sala 2.5.03, Campo Grande, 749-016 Lisboa, Portugal. 2 Laboratório de Microbiologia Ambiental e Biotecnologia (LMAB), Universidade Vila Velha (UVV), Biopráticas, Rua São João, 48, Divino Espírito Santo, 29101-420, Vila Velha, Espírito Santo, Brasil. 3 FAESA Centro Universitário, Av. Vitoria, 2220, Monte Belo, 29053-360, Vitoria, Espírito Santo, Brasil.

McKinsey & Company (2021) definiram agricultura de precisão como: "uma abordagem tecnológica para a agricultura que observa, mede e analisa as necessidades de solos e culturas individuais". Neste contexto o desenvolvimento da agricultura de precisão é moldado pela capacidade para análise avançada de "big data set" e pela robotização com recursos de imagens aéreas, sensores e previsões meteorológicas. Na prática a agricultura de precisão é um conceito moderno de gestão que utiliza técnicas digitais para monitorar e otimizar os processos de produção agrícola. Uma dessas técnicas é a otimização do uso de recursos através de técnicas de "taxa de aplicação variável". Com base nesta técnica, em vez de aplicar uma quantidade de fertilizante, semente ou pesticida no campo inteiro, avalia-se a heterogeneidade do campo e realiza a aplicação do recurso de acordo com essa variabilidade.

A agricultura inteligente consiste na aplicação de tecnologias de informação e dados para otimizar sistemas agrícolas complexos (Castrignano et al., 2020). O foco da agricultura inteligente não está na medição precisa ou na determinação de heterogeneidade espacial ou da comunidade (animal ou vegetal), mas sim no acesso e utilização desses dados, determinando a forma como as informações recolhidas podem ser usadas de maneira inteligente. A agricultura inteligente envolve não apenas máquinas individuais, mas todas as operações agrícolas e tecnologia disponível, em que telefone celular e ou-tros equipamentos de uso comum permitem a tomada de decisões com base no acesso rápido a grandes bases de dados contendo informação local.

A agricultura digital integra tanto o conceito de agricultura de precisão como o de agricultura inteligente, em que utiliza uma variedade de tecnolo-gias, incluindo técnicas de georreferenciamento, sensores, internet das coisas e robótica. Assim, a tecnologia pode auxiliar na tomada de decisões estraté-gicas de exploração e operacionais (https://www.wur.nl/en/dossiers/file/dos-sier-precision-agriculture.htm).

A grande diferença das agriculturas de precisão, inteligente e digital em relação à clássica é que elas integram informação a uma escala menor do que a exploração no processo de decisão, podendo chegar ao nível do indivíduo.

Razões para usar técnicas de agricultura de precisão, inteligente e digital na agricultura convencional, na agroecologia e na agricultura regenerativa

A agricultura de precisão permite aumentar a produtividade das culturas a partir do mapa de fertilidade do solo (Figura 1), que pode ser posteriormente utilizado para o monitoramento do mesmo e para o estabelecimento da relação entre o modo de gestão do solo e a sua qualidade (Ventura et al., 2023).

Figura 1: Exemplo de mapa de fertilidade do solo.

Fonte: Elaborada pelos autores no projeto Soildarity, Herdade dos Conqueiros, Portugal.

Como se cria um mapa de fertilidade de solo?

a) **Coleta de dados.** Em primeiro lugar determina-se a produtividade do solo utilizando um sensor instalado no trator de colheita para medir a quantidade de grãos colhidos em intervalos de tempo predefinidos (geralmente a cada 1 ou 2 segundos) e/ou em uma distância de amostragem predefinida. Cada uma dessas medições é georreferenciada para que possa ser introduzida em um mapa.

b) **Verificação dos dados.** Os dados coletados podem conter erros de leitura dos sensores ou de georreferenciamento. Por isso é necessário validar os dados brutos para que a base de dados seja confiável.

c) **Identificação de padrões.** A identificação de padrões e generalização reduz o nível de detalhe e identifica as principais tendências, visando construir mapas de produtividade com o detalhe adequado para apoiar a ação.

d) **Monitoramento.** A análise de mapas de rendimento ao longo de vários anos pode permitir aos agricultores identificar quais áreas de um campo produzem menos de forma persistente ou esporádica, permitindo-lhes, por exemplo, plantar uma cultura alternativa, alterar um fertilizante ou modificar a estratégia de irrigação (https://www.futurelearn.com/info/courses/innovation-in-arable-farming).

Obstáculos para adoção da agricultura de precisão e agricultura inteligente, e as estratégias de mitigação

Apesar das diferenças entre agricultura de precisão e agricultura inteligente, ambas encontram obstáculos semelhantes à sua implementação. Estes obstáculos têm sido amplamente identificados pelos agricultores e podem ter uma natureza muito diversa (Tabela 1).

Natureza do obstáculo	Problema	Soluções possíveis
Econômico/financeiro	Elevado custo dos equipamentos, tecnologia, capacitação e informação para coletar	• Procurar apoio na Política Agrícola Comum. • Copropriedade de equipamentos, contratação ou convênios comuns e processo de aprendizado comum por parte dos agricultores.
Educação	Deficiência ou ausência de ferramentas de suporte funcional, adaptadas a questões e problemas específicos	• Atrair mais jovens para a agricultura. • Procurar serviços adequados às condições em causa.
Tempo	Longo processo de aprendizagem e longo tempo de retorno ao investimento	• Utilizar prestadores de serviços com soluções realistas, oportunas e adaptadas • Cooperar com outros agricultores (prinicpalmente em pequenas e médias explorações)
Interoperacionalidade	Dificuldade de conexão entre softwares e equipamentos (já existentes na exploração ou em prestadores de serviços), relacionados p.ex. com sensores, bases de dados, programas, características do trator, etc.	• Procurar soluções inteligentes • Comprar equipamentos compatíveis juntamente com soluções técnicas compatíveis • Procurar apenas o equipamento necessário (eventualmente mais barato), adaptado a cada sistema de produção específico
Risco/incerteza	Falta de confiança nas soluções fornecidas. As soluções já em uso aparecem como mais seguras, mesmo que com potenciais efeitos colaterais negativos	• Certificar-se da necessidade de cada solução técnica, evitando copiar soluções ou perspectivas alheias • Usar a agricultura de precisão e a agricultura inteligente nas suas dimensões distintas
Gestão de dados	Coletar, interpretar e retransmitir as informações aos agricultores e fornecer soluções prontas para uso requer um conjunto de capacidades nem sempre disponíveis e acessíveis em termos individuais	• Manter registros (incluindo mapas de rendimento) apoiados por assessoria especializada • Melhorar as ferramentas básicas de gestão, interpretação de dados e planeamento.
Técnica	As técnicas disponíveis são frequentemente mais adaptadas a explorações grandes e bem desenvolvidas e não a pequenas e médias explorações	• Procurar soluções técnicas adaptadas às reais necessidades e capacidades • Colaborar, associar-se, etc.

Tendências da agricultura de precisão e da agricultura inteligente, para os diferentes sistemas produtivos na União Europeia

Atualmente há uma grande preocupação com as tendências e desafios globais que os sistemas produtivos irão enfrentar nas próximas décadas. Aumentar a produção agrícola de forma ambientalmente sustentável depende muito do avanço da investigação em tecnologia e inovação, em que as tecnologias digitais têm o primeiro plano. Essas tecnologias produzem grandes volumes de dados que necessitam de ser processados diariamente, o que pode contribuir para melhorar significativamente a eficiência das atividades agrícolas, uma vez que precisam ser continuamente monitorados e controlados. Mas será que estes avanços não deixam ninguém para trás? Contribuem para o desenvolvimento rural de acordo com o modelo europeu?

A verdade é que a tecnologia de sensores permitiu monitorar parâmetros específicos em tempo real, enquanto a robótica permitiu uma melhor automação dos processos. Além disso, o poder computacional se tornou mais acessível e barato, o que também ajudou à criação de novas ferramentas de apoio à decisão para uma melhor gestão agrícola. Mas há ainda questões para resolver. Um sistema de apoio à decisão adequado e fácil de usar é o desejo de todos os agricultores, mas muitos deles não estão totalmente cientes sobre a melhor forma de utilizar esta ferramenta.

Oportunidades para adotar a agricultura de precisão e a agricultura inteligente: modelos colaborativos entre agricultores e com diferentes atores

Os Living Labs são uma ferramenta participativa cada vez mais aplicada na Europa para o envolvimento dos utilizadores no desenvolvimento tecnológico. Não existe uma definição universal de Living Labs; são ambientes, ou espaços de interação, nos quais atores da hélice quádrupla (indústria/agricultura, governo, academia e público) colaboram para a criação de novas soluções para problemas sociais complexos. Para o setor agrícola, são empreendidos modelos colaborativos para um determinado número de finalidades, envolvendo diversos tipos de atores: agricultores, conselheiros, políticos, empresários, cientistas, entre outros. Todos estes modelos são apoiados pela Política Agrícola Comum, como meio de cocriar, desenvolver, ensaiar e aplicar soluções para questões concretas no setor agrícola. A agricultura convencional obteve, até agora, maior quantidade e qualidade de atenção, bem como maiores volumes de investimento sob a égide dos Living Labs. Eles têm superado os modelos tradicionais de colaboração entre agricultores, como é o caso das cooperativas, chamando a atenção para o valor agregado da agricultura e atividades relacionadas na cadeia de valor da produção de alimentos (e outros bens).

Referências

Castrignano A, Buttafuoko G, Khosla R, Mouazen A, Moshou D, Naud O (2020) Agricultural Internet of Things and Decision Support for Precision Smart Farming, Book edited by Academic Press, Elsevier.

Hülsmann S, Jampani M (2021) The nexus approach as a tool for resources management in resilient cities and multifunctional land-use systems. In Hülsmann S, Jampani M (eds) A Nexus Approach for Sustainable Development. Springer, Cham.

Ventura AM, Mouazen A, Lauwers L, Cruz C (2023), Poster e Sinopse "Innovation ecosystems to smart farming uptake: some critical aspects" no Livro " Frontiers in E3- cE3c 9th anual meeting, 09/2023, pg. 79. https:// ce3c.ciencias.ulisboa.pt/outreach/frontiers/.

CAPÍTULO 8

Combinar técnicas de agricultura de precisão com agroecologia

Autores: Cristina Cruz[1], Ana Maria Ventura[1], Alessandro Coutinho Ramos[2], Juliana Melo[1], Inês Ferreira[1], Margarida Santana[1], Teresa Dias[1]

1 cE3c - Center for Ecology, Evolution and Environmental Changes & CHANGE - Global Change and Sustainability Instituto, Faculdade de Ciências da Universidade de Lisboa, Edifício C2, Piso 5, Sala 2.5.03, Campo Grande, 749-016 Lisboa, Portugal.
2 Laboratório de Microbiologia Ambiental e Biotecnologia (LMAB), Universidade Vila Velha (UVV), Biopráticas, Rua São João, 48, Divino Espírito Santo, 29101-420, Vila Velha, Espírito Santo, Brasil.

Desde os primórdios da agricultura, o bem-estar e a segurança alimentar da humanidade dependem da forma como as plantas são cultivadas e do entendimento sobre a nutrição vegetal. De que se alimentam as plantas? Pode parecer uma pergunta simples, mas a verdade é que a resposta foi mudando ao longo do tempo, e ainda hoje não há consenso sobre o assunto. Na Antiguidade Clássica, dava-se por certo que as plantas se alimentavam de compostos orgânicos. Esse conceito, conhecido como teoria do húmus, era tão intuitivo que, apoiado no fato de os solos ricos em matéria orgânica serem mais férteis, constituiu a corrente de pensamento dominante até meados do século XVII; época em que o progresso da alquimia associado à descoberta de muitos elementos, permitiu demonstrar a possibilidade de cultivar plantas exclusivamente a partir de água e sais minerais. Foram essas descobertas, que associadas à industrialização da produção de fertilizantes pelo processo Haber-Bosch, permitiram a produção de fertilizantes em grandes quantidades e a preços relativamente acessíveis que caracterizaram a revolução verde de meados do século XX (Figura 1).

A fundamentação teórica da agricultura intensiva está na possibilidade de fornecer à planta todos os nutrientes necessários em formulações minerais, tendo o solo a função de suporte. No entanto, a constatação de que o consórcio de leguminosas aumentava a produtividade da safra seguinte, e a demonstração de que esse processo se devia à fixação de nitrogênio por microrganismos, despertou algumas mentes para a relevância da funcionalidade do solo, não apenas como suporte para as culturas, mas como um suporte para a vida na Terra.

O avanço do nosso conhecimento sobre ecologia microbiana tem nos mostrado que o solo é um centro de biodiversidade, 90% da qual ainda é desconhecida, cuja atividade é fundamental para a funcionalidade dos ecossistemas associados a serviços fundamentais para nossa sobrevivência, como: qualidade e produção de água, reciclagem de nutrientes, sequestro de carbono, produção de ar de boa qualidade, etc. É neste contexto que se torna essencial repensar o papel do solo na produtividade agrícola e, em particular, a relevância da biota do solo para a sustentabilidade dos sistemas alimentares e para a qualidade da produção. Quando muitos solos já estão esgotados devido a práticas de produção intensiva e a sua biodiversidade já é muito baixa, ou desequilibrada, é necessário restaurar a diversidade e funcionalidade da biota do solo. Uma das maneiras de fazer isso é usar biofertilizantes.

Figura 1: Representação esquemática da evolução do nosso conceito de nutrição vegetal.
Fonte: Compilação dos autores a partir de imagens coletadas no site Google Imagens.

Os biofertilizantes são produtos que contêm microrganismos vivos, como bactérias, fungos e algas (ou compostos produzidos por eles), que quando aplicados às plantas ou ao solo, aumentam a disponibilidade de nutrientes, melhoram a fertilidade do solo e promovem o crescimento das plantas. Esses microrganismos, ou produtos de sua atividade, mudam a funcionalidade do solo e estimulam o estabelecimento de relações benéficas entre a biota do solo e as plantas, ao mesmo tempo em que contribuem para uma agricultura sustentável, reduzindo a necessidade de fertilizantes sintéticos e melhorando a saúde geral do solo.

Existem vários tipos de biofertilizantes, cada um utilizando microrganismos específicos que oferecem diferentes benefícios (Tabela 1).

TABELA 1: TIPOS MAIS COMUNS DE BIOFERTILIZANTES DISPONÍVEIS NO MERCADO.

Biofertilizante	Exemplo de Microrganismo	Atividade
Fixador de nitrogênio simbiótico	*Rhizobium* sp. e *Bradyrhizobium* sp.	As bactérias estabelecem uma relação simbiótica com as leguminosas. Eles usam o nitrogênio atmosférico e convertem-no em amônia, que é uma forma de nitrogênio disponível para as plantas. Isso ajuda a aumentar o teor de nitrogênio da planta e do solo.
Solubilizador de fósforo	*Pseudomonas* sp. e *Bacillus* sp.; fungos micorrízicos arbusculares	Estas bactérias e fungos ajudam a solubilizar compostos de fósforo insolúveis no solo, tornando o fósforo mais acessível às plantas e ao solo.
Solubilizador de potássio	*Bacillus megaterium*	Esses microrganismos liberam potássio de fontes minerais no solo, tornando-o disponível para as plantas.
Fungos micorrízicos	*Glomus* sp.	Formam relações simbióticas com as raízes das plantas. Esses fungos ampliam o alcance do sistema radicular, aumentando a absorção de nutrientes e água. Em troca, os fungos recebem açúcares e outros compostos orgânicos das plantas. Os biofertilizantes micorrízicos melhoram o crescimento das plantas, especialmente em solos deficientes em nutrientes.
Fixadores de nitrogênio de vida livre	*Azotobacter* sp. *Azospirilum* sp.	São bactérias fixadoras de nitrogênio de vida livre que podem aumentar a fertilidade do solo fixando o nitrogênio atmosférico e tornando-o disponível para a biota.
Algas		Os biofertilizantes à base de algas, derivados de vários tipos de algas, fornecem nutrientes essenciais às plantas, melhorando a estrutura do solo e a capacidade de retenção de água.

Os biofertilizantes são geralmente aplicados por meio de tratamento de sementes, aplicação no solo ou pulverização foliar. Eles oferecem uma alternativa sustentável aos fertilizantes sintéticos, reduzindo o escoamento de nutrientes, minimizando a poluição ambiental e promovendo ecossistemas de solo mais saudáveis. Embora os biofertilizantes ofereçam inúmeros benefícios, a sua eficácia pode variar dependendo de fatores como tipo de solo, clima e tipo de cultura. Portanto, métodos adequados de seleção e aplicação são essenciais para maximizar os seus benefícios potenciais em práticas agrícolas sustentáveis. Embora os biofertilizantes ofereçam muitos benefícios para a agricultura sustentável, existem várias razões pelas quais os agricultores ainda não os usam extensivamente (Tabela 2).

TABELA 2: RAZÕES PELAS QUAIS OS AGRICULTORES PODEM NÃO USAR BIOFERTILIZANTES MAIS EXTENSIVAMENTE E ALGUMAS ATIVIDADES DE MITIGAÇÃO.

Tipo de razão	Descrição	Formas de mitigação
Falta de conhecimento	Muitos agricultores podem não estar cientes dos benefícios e uso adequado de biofertilizantes e como podem integrá-los nas práticas agrícolas.	Desenvolver programas de formação e workshops sobre os benefícios, técnicas adequadas de aplicação e época de uso do biofertilizante. Colaborar com serviços de extensão agrícola para disseminar informações precisas sobre biofertilizantes e fornecer orientação aos agricultores. Estabelecer escolas de campo para agricultores onde cientistas e especialistas possam interagir diretamente com os agricultores, compartilhar conhecimentos e demonstrações na aplicação de biofertilizantes.
Acesso	Em algumas regiões, o acesso a biofertilizantes de qualidade pode ser limitado. Os desafios de produção, distribuição e disponibilidade podem prejudicar a capacidade dos agricultores de obter esses produtos facilmente.	Colaborar com agronegócios e empresas privadas para facilitar a produção, distribuição e comercialização de biofertilizantes de alta qualidade.
Desempenho	A eficácia dos biofertilizantes pode ser influenciada por fatores como tipo de solo, clima e variedade de culturas. Alguns agricultores podem ter experimentado resultados inconsistentes, levando ao ceticismo sobre sua eficácia.	Organizar demonstrações na fazenda para mostrar os benefícios do uso de biofertilizantes. A demonstração de resultados positivos pode aumentar a confiança do agricultor na adoção desses produtos.
Custo	A transição para biofertilizantes pode exigir um investimento inicial em termos de compra de produtos, equipamentos e formação. Os agricultores podem perceber os custos iniciais como uma barreira à adoção, especialmente se estiverem acostumados com práticas agrícolas convencionais.	Realizar análises econômicas para demonstrar a relação custo-benefício do uso de biofertilizantes a longo prazo, considerando fatores como custos reduzidos de insumos e rendimentos melhorados.
Apoio técnico	A aplicação adequada de biofertilizantes requer conhecimento técnico. Se os agricultores não tiverem acesso a orientação e apoio sobre como usar biofertilizantes de forma eficaz, eles podem hesitar em adotá-los.	Estabelecer linhas de ajuda, recursos online e fóruns onde os agricultores possam obter conselhos e soluções relacionadas ao uso eficaz de biofertilizantes.

Tipo de razão	Descrição	Formas de mitigação
Práticas tradicionais	Os agricultores geralmente seguem práticas tradicionais com as quais estão familiarizados e que vêm usando há gerações. Mudar para novas práticas, como o uso de biofertilizantes, pode exigir uma mudança de mentalidade e disposição para se adaptar.	Criar plataformas para cientistas, investigadores e especialistas em agricultura compartilharem resultados de pesquisas, melhores práticas e histórias de sucesso relacionadas com o uso de biofertilizantes
Risco	Os agricultores podem perceber um nível mais alto de risco associado ao uso de biofertilizantes em comparação com as práticas convencionais. O medo de uma possível quebra de rendimento ou pode impedi-los de tentar algo novo.	Monitorar os resultados do uso de biofertilizantes no campo durante várias safras para avaliar seus benefícios sustentados e possíveis desafios.
Certificação	Em alguns casos, os agricultores podem hesitar em adotar biofertilizantes se não houver procura de mercado clara ou prêmio de preço para culturas produzidas usando esses métodos. A necessidade de certificação orgânica ou outros padrões para o acesso ao mercado pode complicar a adoção	Fornecer recomendações personalizadas aos agricultores com base nos tipos específicos de cultivo, condições do solo e práticas agrícolas. O aconselhamento personalizado pode aumentar a probabilidade de adoção bem-sucedida
Tempo	A aplicação de biofertilizantes pode exigir tempo e mão de obra adicionais em comparação com os métodos convencionais de aplicação de fertilizantes. Se a mão de obra já é um fator limitante, os agricultores podem achar difícil incorporar biofertilizantes em sua rotina.	Desenvolver ferramentas e tecnologias fáceis de usar que simplifiquem a aplicação de biofertilizantes e os tornem mais acessíveis a uma ampla gama de agricultores.
Quadro legal	Políticas governamentais, subsídios e incentivos podem influenciar significativamente as escolhas dos agricultores. Se houver incentivos ou apoio limitados para a adoção de biofertilizantes, os agricultores podem ficar mais motivados a usá-los.	Colaborar com formuladores de políticas para integrar biofertilizantes em políticas e programas agrícolas, oferecendo incentivos, subsídios ou outros mecanismos de apoio para incentivar a adoção.
Produção em escala	A produção em larga escala de biofertilizantes pode nem sempre estar prontamente disponível, dificultando o acesso dos agricultores a esses produtos em quantidades suficientes.	Estudar formas de aumentar a produção de biofertilizantes sem comprometer a qualidade, garantindo que haja disponibilidade suficiente para atender à demanda dos agricultores.

Para promover a adoção de biofertilizantes, os esforços devem ser direcionados para a conscientização, fornecendo formação e suporte técnico, abordando questões de custo e demonstrando sua eficácia por meio de estudos de caso bem-sucedidos. Políticas governamentais, pesquisas e serviços de extensão também podem desempenhar um papel fundamental no incentivo aos agricultores para incorporar biofertilizantes em suas práticas agrícolas.

Os cientistas podem preencher a lacuna entre a pesquisa e a aplicação prática, ajudando os agricultores a adotarem os biofertilizantes como uma abordagem sustentável e eficaz para aumentar a fertilidade do solo, a produtividade das culturas e a gestão ambiental. Os biofertilizantes são adequados para serem usados em qualquer tipo de gestão agrícola, no entanto, existem alguns agricultores que são mais propensos a adotar esses produtos devido às suas práticas agrícolas, objetivos e valores específicos, por exemplo:

- **Agricultores orgânicos** que priorizam práticas agrícolas sustentáveis e naturais adotam mais facilmente os biofertilizantes por estes estarem alinhados com o menor uso de produtos químicos sintéticos e promoção da saúde do solo;

- **Praticantes de agricultura sustentável** com foco na minimização do impacto ambiental, mas pretendendo manter a rentabilidade econômica, estão interessados em abordagens que melhorem a fertilidade do solo, reduzam o escoamento de nutrientes e melhorem a saúde geral do ecossistema, o que se encaixa com o uso de biofertilizantes;

- **Agricultores agroecológicos** que integram princípios ecológicos em sistemas agrícolas são atraídos para o uso de biofertilizantes pelo foco nos microrganismos benéficos e reciclagem natural de nutrientes que ressoam com os princípios agroecológicos;

- **Pequenos agricultores** geralmente com recursos limitados podem estar mais inclinados a adotar o uso de biofertilizantes (que podem ser produzidos localmente) como alternativas econômicas aos fertilizantes sintéticos;

- **Agricultores de subsistência** que cultivam principalmente para o consumo das suas famílias adotam biofertilizantes para aumentar a disponibilidade de nutrientes e melhorar o valor nutricional das culturas;

- **Agricultores em áreas ecologicamente sensíveis**, como perto de corpos de água ou em regiões propensas à erosão do solo, podem ser motivados a adotar biofertilizantes para reduzir o impacto ambiental das suas práticas;

- **Os agricultores com foco na saúde do solo,** priorizando a saúde do solo e a sustentabilidade de longo prazo de suas terras, provavelmente explorarão os biofertilizantes como uma forma de aumentar a fertilidade do solo e reduzir a degradação do solo;

- **Agricultores inovadores** abertos a experimentar novas abordagens e incorporar técnicas inovadoras nas suas práticas são mais propensos a experimentar biofertilizantes;

- **Produtores de valor agregado** que cultivam especialidades ou culturas de alto valor, como frutas e vegetais orgânicos, muitas vezes priorizam a qualidade da cultura e os biofertilizantes podem contribuir para melhorar o conteúdo de nutrientes e a qualidade da cultura;

- **Agricultores com acesso ao conhecimento** por meio de serviços de extensão agrícola, workshops e formações têm maior probabilidade de conhecer os benefícios dos biofertilizantes e fazer a sua aplicação adequada, aumentando a probabilidade de adoção;

- **Agricultores que participam de programas de certificação** que procuram certificações orgânicas ou sustentáveis têm maior probabilidade de adotar biofertilizantes como parte de seu compromisso de atender aos padrões de certificação;

- **Praticantes de rotação de culturas** que usam diversos sistemas de cultivo, podem adotar biofertilizantes para melhorar a reciclagem de nutrientes e manter a fertilidade do solo.

Pode parecer que os biofertilizantes estão mais alinhados com práticas agroecológicas do que com agricultura de precisão ou agricultura inteligente. No entanto, os biofertilizantes e a agricultura de precisão são dois conceitos distintos, mas complementares, que podem trabalhar juntos para aumentar a sustentabilidade agrícola, a produtividade e a eficiência dos recursos. As vantagens da fusão de biofertilizantes e agricultura de precisão na chamada agroecologia de precisão foi um dos temas das atividades demonstrativas desenvolvidas no projeto Soildarity (http://www.soildarity.eu). A agricultura de precisão envolve o uso de tecnologia e dados para aplicar insumos, incluindo fertilizantes, exatamente onde e quando são necessários. Os biofertilizantes podem ser integrados nas práticas de agricultura de precisão, aplicando-os estrategicamente com base nos níveis de nutrientes do solo, necessidades das culturas e outros fatores ambientais. Essa abordagem direcionada reduz o desperdício, minimiza o uso excessivo de biofertilizantes e otimiza sua eficácia. A agricultura de precisão depende do mapeamento detalhado do solo e da análise de nutrientes, e os biofertilizantes podem ser usados para tratar de deficiências específicas de nutrientes identificadas por meio de testes de solo. Por exemplo, se uma determinada área de um campo tem baixo teor de nitrogênio, os biofertilizantes fixadores de nitrogênio podem ser aplicados apenas nessa área. A aplicação de uma taxa variável de insumos com base nas variações espaciais das características do solo e necessidades das culturas pode ser implementada com biofertilizantes de acordo com as demandas de nutrientes de diferentes zonas dentro de um campo, otimizando seu impacto e reduzindo custos. O uso de sensores, drones e outras tecnologias para monitorar culturas e solo em tempo real e, por isso, também pode ser adaptado para produzir recomendações e sistemas de apoio à decisão para aplicação de biofertilizantes, garantindo que as plantas recebam os nutrientes certos quando mais precisam. A integração de biofertilizantes em práticas de agricultura de precisão pode levar à economia de custos, reduzindo a quantidade de fertilizantes convencionais necessários e otimizando a eficiência da aplicação de nutrientes, o que contribuirá para a saúde e fertilidade do solo a longo prazo, promovendo comunidades microbianas benéficas e melhorando a ciclagem de nutrientes.

Referências

Martins-Loução MA, Dias T, Cruz C (2022) Integrating ecological principles for addressing plant production security and move beyond the dichotomy 'good or bad' for nitrogen inputs choice. Agronomy 12: 1632.

CAPÍTULO 9

Desagregar a segurança alimentar do solo como medida de proteção ambiental

Autores: Cristina Cruz[1], Alessandro Coutinho Ramos[2], Juliana Melo[1], Inês Ferreira[1] Silvana Munzi[1], Kamran Azmaliyev[1], Teresa Dias[1]

1 cE3c - Center for Ecology, Evolution and Environmental Changes & CHANGE - Global Change and Sustainability Instituto, Faculdade de Ciências da Universidade de Lisboa, Edifício C2, Piso 5, Sala 2.5.03, Campo Grande, 749-016 Lisboa, Portugal.
2 Laboratório de Microbiologia Ambiental e Biotecnologia (LMAB), Universidade Vila Velha (UVV), Biopráticas, Rua São João, 48, Divino Espírito Santo, 29101-420, Vila Velha, Espírito Santo, Brasil.

Estamos cultivando o planeta até a morte. Metade da área habitável do planeta já foi recrutada para produzir alimentos. A natureza e os muitos milhões de outras espécies, são forçados a sobreviverem nos fragmentos poluídos, explorados e degradados do que resta. As taxas de extinção são cerca de 1.000 vezes a taxa natural de base, principalmente porque as terras selvagens foram convertidas em terras agrícolas ou poluídas por ela, ou devido a conflitos muitas vezes com origem em disputas de terras ou serviços a ela associados (água, alimentos, energia). Apesar de tudo, cerca de 800 milhões de pessoas passam fome, com 150 milhões de crianças menores de cinco anos vítimas de má nutrição e com crescimento atrofiado. Nas próximas décadas, precisaremos alimentar mais pessoas com mais alimentos – pelo menos dobrando a produção atual de alimentos até 2050 – em um momento em que todas as melhores terras já foram colonizadas e durante uma crise climática crescente. Concluir que o nosso sistema alimentar precisa ser repensado não é novo nem controverso, e uma floresta abatida transformada em livros foi produzida por proponentes de dietas mágicas ou técnicas agrícolas inovadoras.

A produção de alimentos está inserida em um complexo sistema socio-
-econômico-ecológico. A complexidade do sistema permite a sua sustentabilidade dado que umas áreas podem compensar as outras. Esta dinâmica pode,
no entanto, conduzir o sistema a um novo estado de equilíbrio, porventura
menos favorável à nossa existência, o que em si é uma vulnerabilidade do
sistema que criamos ou forçamos. Em toda a complexidade do sistema há
um ator sempre invisível, o solo.

O solo, quando degradado e sem funcionalidade, se comporta como
pó. No entanto, em um estado saudável, ele se organiza espontaneamente
em estruturas coerentes, coordenando o ecossistema que sustenta toda a
vida terrestre. O solo surgiu com a vida na terra e resulta da complexidade de
relação entre bactérias, fungos, plantas, organismos minúsculos (incluindo
membros de um filo inteiro, chamado de sinfilídeos) e a química e a geologia
do planeta. É com essa complexidade que trabalhamos quando construímos
os nossos corpos a partir da energia do sol usando plantas fotossintéticas
como intermediárias. Mas, as práticas agrícolas como arar, fertilizar e até
mesmo regar podem prejudicar a complexidade autossustentável – e a saúde
– desse elemento vital.

O solo revitalizado da agricultura sustentável é certamente mais atra-
ente do que as monoculturas que cobrem a maior parte dos campos, mas os
agricultores não aram por diversão, eles fazem para limpar a terra de ervas
daninhas que competem com as culturas e para melhorar a produtividade.
Para aumentar a produtividade e manter o negócio, é necessário garantir
que os incentivos políticos e econômicos são bem aplicados e estimulam as
práticas mais adequadas. Podemos também esperar dos cientistas versões
perenes das nossas culturas anuais de cereais, o que eliminaria a necessidade de invasão regular do solo.

Alguns ambientalistas aceitam cada vez mais que a maior parte da
pecuária é insustentável e acreditam que o sistema de produção industrial de carne pode entrar em colapso rapidamente, em parte por causa de
uma indústria florescente de proteínas e gorduras idênticas à carne feitas
de plantas, fungos e bactérias geneticamente modificadas que podem ser
produzidas em enormes quantidades em cubas de fermentação, ocupando
ínfimas áreas de solo.

Muitos acreditam que as proteínas microbianas, quando impressas em 3D em bifes e escalopes ou transformadas em salsichas e nuggets, mudarão o mundo, liberando valiosas terras agrícolas para a natureza.

A possibilidade de tornar a produção de alimentos independente do solo como medida de proteção do solo é um assunto sensível e com elevado impacto na sociedade, e nenhum outro se encontra tão envolto em mitos e desejos. A forma como nos alimentamos é um fator determinante para nossa sobrevivência, e neste século tem um componente ambiental como nunca. No entanto, é muito difícil fazer uma discussão objetiva do assunto. As questões alimentares têm um componente cultural tão forte que a pessoa mais progressista pode rapidamente comportar-se como se sempre tivesse sido conservadora. Mudanças na dieta têm sempre implicações drásticas, mesmo as pessoas que normalmente aceitam muitas mudanças sociais e políticas podem responder com fúria a críticas à forma como se alimentam.

Não há dúvida que a nossa segurança alimentar tem um custo ambiental incalculável, mas também é verdade que muitas das soluções propostas por políticos, cientistas, ambientalistas e outros são ainda mais prejudiciais para a crise planetária do que os problemas que afirmam resolver.

Soluções, como a produção extensiva de animais alimentados com pasto verde, que se encontra associada a uma enorme demanda por terras, são impossíveis de escalar sem destruir os ecossistemas selvagens remanescentes: simplesmente porque não há um planeta B.

Soluções reais para a crise alimentar global não são bonitas nem reconfortantes. Elas inevitavelmente envolvem fábricas, e todos nós odiamos fábricas, não é? Na realidade, quase tudo o que comemos passou por pelo menos uma fábrica (provavelmente várias) a caminho de nossas mesas. Estamos em profunda negação sobre isso, e é por isso que, nos Estados Unidos da América, onde 95% da população come carne, uma investigação mostrou que 47% dos participantes queria proibir os matadouros. A resposta não é mais campos, o que significa destruir ainda mais ecossistemas selvagens. São fábricas parcialmente melhores, mais compactas, sem crueldade e sem poluição. Entre as melhores opções, horror dos horrores, está a mudança da criação de organismos multicelulares (plantas e animais) para a criação de criaturas unicelulares (microrganismos), o que nos permite fazer muito mais com muito menos. Há 8 bilhões de pessoas para alimentar e um planeta para restaurar. Que opções temos? Podemos optar por um modelo agrícola convencional cruel, poluente e autodestrutivo ou, por outro idílico mais consentâneo com as nossas tradições e hábitos alimentares, mas que tem o risco de implicar da expansão agrícola e da redução das áreas naturais. É difícil decidir o que é pior, e ainda mais difícil optar pelo melhor – a agricultura celular.

A agricultura celular é um campo em crescimento acelerado que envolve o cultivo de células animais em ambiente controlado para produzir produtos agrícolas, como carne, laticínios e ovos, sem a necessidade da pecuária tradicional. Essa abordagem visa contemplar vários desafios de sustentabilidade, éticos e ambientais associados à pecuária convencional, fornecendo uma maneira alternativa de produzir produtos derivados de animais. Na agricultura celular, cientistas e pesquisadores trabalham para replicar os processos naturais de crescimento animal, cultivando células animais em biorreatores. Essas células podem ser de várias fontes, incluindo tecido muscular, células adiposas e células-estaminais. O objetivo é criar produtos alimentícios nutricionalmente semelhantes aos produtos animais produzidos convencionalmente, mas com impactos ambientais potencialmente menores e menos preocupações com o bem-estar animal.

Como funciona a agricultura celular

- **Isolamento Celular:** As células animais são isoladas de animais vivos por meio de um processo de biópsia ou amostragem de tecido. Essas células podem ser células-estaminais que têm o potencial de se diferenciar em vários tipos de células.

- **Cultura Celular:** As células isoladas são colocadas em meio rico em nutrientes que contém nutrientes essenciais, fatores de crescimento e outros componentes necessários para o crescimento e multiplicação celular. Este meio fornece um ambiente semelhante às condições dentro do corpo do animal.

- **Proliferação Celular:** As células começam a multiplicar-se e a proliferar no meio rico em nutrientes. Esta etapa envolve o crescimento controlado das células para atingir a quantidade desejada.

- **Diferenciação Celular:** Para criar tipos de tecidos específicos (como músculo ou gordura), os cientistas podem manipular as condições da cultura celular ajustando os nutrientes e os fatores de crescimento. Esse processo de diferenciação leva as células a desenvolverem-se nos tipos celulares desejados.

- **Montagem de Tecidos:** Uma vez produzida uma quantidade suficiente de células, elas podem ser montadas em estruturas tridimensionais que se assemelham ao tecido natural encontrado em animais. Isso pode envolver células em camadas ou usar materiais de suporte para ajudar a moldar o produto final.

- **Colheita e Processamento:** O tecido é recolhido e processado para criar carne ou outros produtos familiares aos consumidores. Dependendo do produto pretendido, isso pode envolver outras etapas de processamento, como aromatização, texturização e embalagem.

A agricultura celular tem o potencial de abordar questões relacionadas com o uso da terra, consumo de água, emissões de gases de efeito estufa e bem-estar animal associados à pecuária convencional. Também tem potencial para produzir produtos alimentícios com menos contaminantes e riscos reduzidos de doenças transmitidas por alimentos. No entanto, ainda existem desafios técnicos, regulatórios e de escalabilidade que precisam ser superados para que a agricultura celular se torne um método convencional de produção de alimentos. Cientistas e empresários trabalham ativamente para desenvolver métodos de produção eficientes, reduzir custos e obter aprovação regulatória para trazer produtos baseados em células para o mercado.

Alguns dos projetos e iniciativas nesta área incluem:

- **Empresas de Carne Celular:** Várias empresas estão na vanguarda da produção de carne com recurso à agricultura celular. Essas empresas trabalham no cultivo de células animais em biorreatores para produzir produtos à base de carne (Figura 1).

Figura 1: Exemplos de produtos de agricultura celular.

Fonte: Compilação dos autores a partir de imagens coletadas no site Google Imagens.

- **Finless Foods:** A empresa está focada na produção de marisco e principalmente peixes, por meio da agricultura celular. O seu objetivo é reduzir o impacto ambiental das práticas tradicionais de pesca e aquicultura.

- **Wild Type:** Trabalha no desenvolvimento de produtos de pesca baseados em células, com foco na criação de alternativas sustentáveis aos produtos de peixe.

- **Higher Steaks:** trabalha na produção de carne suína cultivada e outros produtos de carne usando técnicas de engenharia de tecidos.

- **SuperMeat:** tem como foco a criação de produtos de cultura de frango, visando reduzir o impacto ambiental da avicultura.

- **Future Fields:** fornece meios de cultura de células, fatores de crescimento e outras soluções para permitir o crescimento de células animais para produção de carne cultivada.

- **CellAgri:** é uma plataforma que fornece notícias, insights e recursos relacionados com a agricultura celular e o desenvolvimento de produtos alternativos de proteína.

- **New Harvest:** é uma organização sem fins lucrativos que apoia a investigação e a educação no campo da agricultura celular, incluindo a produção de carne cultivada.

- **Global Food Innovation Summit:** É um evento anual que reúne pesquisadores, empresários e partes interessadas no espaço de proteínas alternativas, incluindo agricultura celular e carne cultivada.

- **Pesquisa:** Muitas universidades e instituições de pesquisa estudam para o avanço da ciência e tecnologia por trás da agricultura celular, contribuindo para o desenvolvimento de métodos de produção de carne cultivada. Esses projetos e iniciativas trabalham para criar alternativas sustentáveis e éticas à produção de carne convencional. Embora ainda haja desafios a serem superados, incluindo escalabilidade, redução de custos e aprovação regulatória, o campo da agricultura celular promete revolucionar a maneira como produzimos e consumimos carne.

Referências

Soice E, Johnston J (2021) How cellular agriculture systems can promote food security. Frontiers in Sustainable Food Systems, 5: 1-13.

CAPÍTULO 10

Atividades relacionadas com o solo no contexto da ciência cidadã

Autores: Silvana Munzi[1], Ana Ventura[1], Juliana Melo[1], Inês Ferreira[1], Teresa Dias[1], Cristina Cruz[1]

1 cE3c - Center for Ecology, Evolution and Environmental Changes & CHANGE - Global Change and Sustainability Instituto, Faculdade de Ciências da Universidade de Lisboa, Edifício C2, Piso 5, Sala 2.5.03, Campo Grande, 749-016 Lisboa, Portugal. 2 Universidade de VilaVelha, Espírito Santo, Brazil

Explorar e promover novas ideias por meio de pesquisa e inovação é de grande importância para abordar as questões urgentes que a nossa sociedade enfrenta. No entanto, muitas vezes há uma desconexão entre os objetivos científicos e as necessidades da sociedade, o que significa que os objetivos e aspirações dos pesquisadores não são totalmente compreendidos ou adotados pelo público. Um dos principais obstáculos para a transferência efetiva do conhecimento da ciência para a sociedade é a ausência de uma linguagem e base de conhecimento compartilhadas. O uso de jargões técnicos, conceitos complexos e uma conexão pouco clara com os impactos do mundo real muitas vezes diminuem o interesse do público em geral na atividade científica. Outro fator responsável pela criação de desconfiança entre os cidadãos é a falta de compreensão de como a ciência funciona. Os cientistas estão acostumados a ajustar hipóteses com base nos dados disponíveis em um determinado momento, refutar teorias e lidar com a frustração do progresso limitado ou inexistente. No entanto, para quem não está familiarizado com o processo científico, essas ações podem parecer incompreensíveis e reveladoras de um conhecimento incipiente dos assuntos.

A ciência cidadã surgiu como uma abordagem eficaz para envolver a sociedade no processo de investigação, aproveitando a inteligência coletiva como elemento fundamental para fomentar o interesse público pela ciência. A inovação social também foi reconhecida como um aspecto fundamental, abordando os desafios sociais e ambientais, estabelecendo conexões entre a inovação e a sociedade. Assim, a ciência cidadã responde à crescente necessidade de maior confiança, aceitação e apropriação da pesquisa, além de promover uma percepção positiva da ciência pelo público.

Os projetos de ciência cidadã (Tabela 1) têm tido um sucesso notável em ultrapassar os limites da compreensão científica e são cada vez mais reconhecidos polo seu papel fundamental na promoção da educação e na criação de valiosas experiências de aprendizagem. Definir ciência cidadã tem sido um desafio devido à ampla gama de iniciativas que podem ser englobadas por esse termo, mas a European Citizen Science Association (ECSA) a define como "projetos que envolvem ativamente os cidadãos em empreendimentos científicos que geram novos conhecimentos ou entendimentos" (Robinson et al., 2018). Portanto, os cientistas cidadãos podem participar em diferentes estágios de projetos de pesquisa, incluindo o design, coleta de dados, interpretação e análise, publicação e divulgação de resultados (Hakklay, 2015), embora os dados mostrem que a maioria dos projetos envolve cientistas cidadãos apenas na etapa de coleta de dados (Pocock e outros, 2017). Projetos colaborativos envolvendo vários participantes têm o potencial de produzir consideravelmente mais dados com maior cobertura espacial e temporal do que projetos limitados apenas aos esforços dos pesquisadores (Chandler et al., 2017).

TABELA 1. LISTA NÃO EXAUSTIVA DE INICIATIVAS DE CIÊNCIA CIDADÃ DO SOLO. FONTE: SITES DAS INICIATIVAS (SALVO ESPECIFICAÇÃO EM CONTRÁRIO).

Projeto	Link	Abrangência	Publico alvo	Envolvimento[1]	Dados recolhidos
CALeDNA: California Environmental DNA	https://ucedna.com/	EUA	Cidadãos	Contribuição	Biodiversidade
Citizen Science Community Resources	https://www.csresources.org/projects	EUA	Cidadãos	Co- Contribuição	Poluição
Citizen science urban mining: decontamination of soils	https://www.brunel.ac.uk/research/projects/citizen-science-urban-mining-decontamination-of-soils	Reino Unido	Cidadãos	Contribuição	Poluição
Citizens of the Crust: a biocrust assessment project	https://www.inaturalist.org/projects/citizens-of-the-crust-a-biocrust-assessment-project	EUA	Cidadãos	Contribuição	Biodiversidade
Collectifs	https://collectifs-biodiversite.universite-lyon.fr/	França	Cidadãos	Co- Contribuição	Biodiversidade
GardenSafe and VegeSafe	https://www.360dustanalysis.com/	Austrália	Cidadãos	Contribuição	Poluição; características do solo
Going underground: testing the potential of citizen science and DNA to explore alpine soil biodiversity	https://sefari.scot/research/going-underground-testing-the-potential-of-citizen-science-and-dna-to-explore-alpine-soil	Escócia	Cidadãos	Contribuição	Biodiversidade do solo
GROW Observatory	https://growobservatory.org/	Europa	Cidadãos. Agricultores	Contribuição	Características do solo
Grower CS Project	https://growercitizenscience.wordpress.com/	EUA	Agricultores	Contribuição	Características e processos do solo.
Herencia de contaminación ambiental en La Almozara	https://www.heraldo.es/noticias/sociedad/2020/02/18/herencia-de-contaminacion-ambiental-en-la-almozara-proyecto-de-ciencia-ciudadana-1359358.html	Espanha	Cidadãos	Co- Contribuição	Poluição

Projeto	Link	Abrangência	Publico alvo	Envolvimento[1]	Dados recolhidos
Indiana Collaboration for Lead Action and Prevention	https://www.mapmyenvironment.com/iclap/	EUA	Cidadãos	Contribuição	Poluição
Latrobe Valley Dust Research	https://www.epa.vic.gov.au/for-community/get-involved/citizen-science-program/citizen-science-projects/latrobe-valley-dust-research	Austrália	Cidadãos	Contribuição conjunta	Poluição
MicroBlitz	https://scistarter.org/microblitz	Austrália	Cidadãos	Contribuição	Biodiversidade do solo
MO DIRT (Missourians Doing Impact Research Together)	https://modirt.danforthcenter.org/soilhealthsurveys	EUA	Estudantes, agricultores e cidadãos	Contribuição	Características e processos do solo.
Programa de Conservación de Suelos	https://www.vitoria-gasteiz.org/wb021/was/contenido Action.do?lang=en&locale=en&idioma=en&uid=u_2498e010_162d6fd8d27__7e82	Espanha	Agricultores	Contribuição	Características, biodiversidade e processos do solo
Proyecto Nuestros Suelos	https://suelosustentable.cl/noticias/nuestros-suelos-usando-ciencia-ciudadana-para-conocer-y-evaluar-suelos-degradados-en-chile/	Chile	Cidadãos	Contribuição	Características e poluição do solo
Small World Initiative – Crowdsourcing antibiotic discovery	http://www.smallworldinitiative.org/	EUA	Professores e estudantes	Contribuição	Biodiversidade do solo
Soil Moisture Active Passive (SMAP)	https://www.citizenscience.gov/smap-globe-soil-moisture/#	Global	Professores e estudantes	Contribuição	Características do solo
Soil Your Undies Challenge - University of New England	https://www.unediscoveryvoyager.org.au/soilyourundies/	Austrália	Professores, famílias e estudantes Cidadãos	Contribuição	Processos do solo
Soils For Science	https://imb.uq.edu.au/soilsforscience	Austrália	Cidadãos	Contribuição	Biodiversidade do solo

Projeto	Link	Abrangência	Publico alvo	Envolvimento[1]	Dados recolhidos
Soils, Science and Community Action (SoilSCAN)	https://iopscience.iop.org/article/10.1088/1748-9326/ac8300	Tanzania	Agricultores	Contribuição conjunta	Características e processos do solo
SoilSkin – La Piel Viva del Suelo	https://ebryo.com/soilskin/	Espanha	Cidadãos	Contribuição	Biodiversidade do solo
Summer Solstice	https://www.ceh.ac.uk/news-and-media/blogs/kickoff-summer-soilstice	Reino Unido	Cidadãos	Contribuição	Biodiversidade do solo
TeaComposition Project	https://teacomposition.sydney.edu.au/	Austrália	Professores e estudantes Cidadãos	Contribuição	Processos do solo
Teatime 4 Science network	http://www.teatime4science.org/	Global	Cidadãos	Contribuição	Características e processos do solo
The Citizen Science Soil Health Project	https://projects.sare.org/sare_project/fw19-341/	EUA	Agricultores	Contribuição conjunta	Biodiversidade do solo. Características e processos do solo
Using citizen science to develop solutions for healthy soils through phytomining	https://ec.europa.eu/research-and-innovation/en/research-area/industrial-research-and-innovation/eu-valorisation-policy/knowledge-valorisation-platform/repository/using-citizen-science-develop-solutions-healthy-soils-through-phytomining	Reino Unido	Cidadãos	Contribuição conjunta	Poluição
What's in Your Backyard/The CS Soil Collection Program	https://shareok.org/handle/11244/28096	EUA	Cidadãos	Contribuição	Biodiversidade do solo

[1]**Contribuição:** A função dos cidadãos é limitada à recolha de dados, cientistas desenham e gerem o projeto. Co-construção: os cidãos estão envolvidos em outras atividades para além da recolha de dados.

Como os projetos de ciência cidadã tendem a envolver voluntários dispostos a participar por períodos mais longos, essas iniciativas têm um potencial maior para a coleta de dados de longo prazo do que os projetos de pesquisa normalmente financiados por alguns anos. No entanto, é importante reconhecer que os projetos de ciência cidadã têm limitações, incluindo possíveis vieses na coleta de dados devido à cobertura espacial desigual, esforço de amostragem e especialização. É fundamental assegurar que a qualidade dos dados recolhidos pelos cidadãos seja suficiente para a análise científica, o que requer formação adequada e medidas de controle de qualidade. No entanto, quando projetados e implementados adequadamente, os projetos de ciência cidadã podem fornecer dados valiosos para a pesquisa científica, além de promover o engajamento público e a conscientização sobre questões ambientais. Houve um crescimento exponencial no número de iniciativas participativas nos últimos anos, permitindo que a comunidade científica identifique seus pontos fortes, vieses e limitações. Como resultado, muitos livros e manuscritos que discutem as melhores práticas para aumentar o envolvimento dos cidadãos, a qualidade dos dados e o impacto para os participantes, a ciência e a sociedade foram publicados (Hecker et al., 2018; Vohland et al., 2021).

A ciência do solo está finalmente ganhando o reconhecimento que merece em termos de políticas e financiamento. No entanto, para progredir ainda mais, os cientistas precisam aumentar a conscientização pública sobre o papel crítico do solo no apoio aos ecossistemas e ao bem-estar humano. A ciência cidadã é uma ferramenta poderosa para aumentar a literacia da sociedade sobre o solo, pois envolver os cidadãos na resolução de problemas da vida real e aumentar o seu conhecimento e compreensão pode evocar entusiasmo, conexão e empoderamento, promovendo um senso de propósito e gerando emoções positivas em relação à pesquisa científica e ao mundo natural . Esses sentimentos, por sua vez, podem contribuir para mudanças de atitudes, levando a hábitos mais sustentáveis e mudança de prioridades, gerando feedback sobre o impacto e reforçando comportamentos sustentáveis (Figura 1).

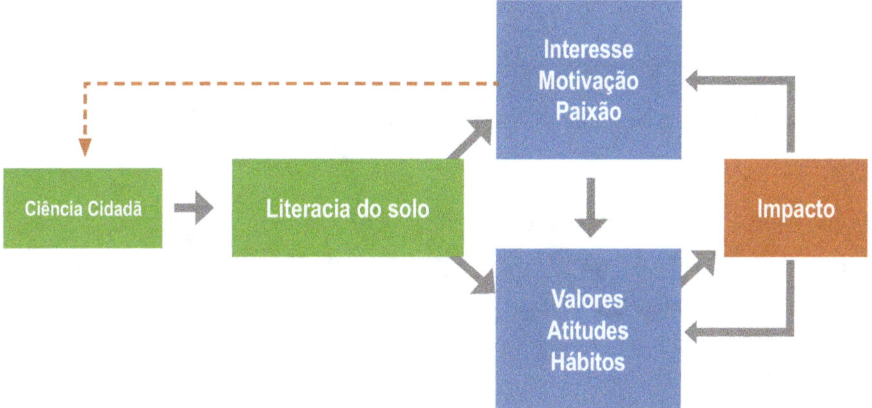

Figura 1: Efeitos do envolvimento em atividades de ciência cidadã no desenvolvimento pessoal dos cidadãos (caixas azuis), na sua relação com a ciência (caixas verdes) e na sua relação com a sociedade (caixa laranja).

Fonte: Elaborada pelos autores.

Referências

Chandler M, See L, Buesching CD, Cousins JA, Gillies C, Kays RW, et al. (2017) Involving citizen scientists in biodiversity observation. In Walters M, Scholes RJ (eds.) The GEO handbook on biodiversity observation networks. p. 211–237. Springer International Publishing, Cham.

Hakklay M (2015) Citizen science and policy: a European perspective. Commons Lab.

Hecker S, Hakklay M, Bowser A, Makuch Z, Vogel J, Bonn A (2018) Citizen Science: Innovation in Open Science, Society and Policy. UCL Press. London.

Pocock MJO, Tweddle JC, Savage J, Robinson LD, Roy HE (2017) The diversity and evolution of ecological and environmental citizen science. PLOS ONE 12: e0172579.

Robinson LD, Cawthray JL, West SE, Bonn A, Ansine J (2018) Ten principles of citizen science. Hecker S, Haklay M, Bowser A, Makuch Z,

Vogel J, Bonn A. Citizen Science: Innovation in Open Science, Society and Policy. London, UCL Press. 1–23.

Vogel J, Bonn A (eds.) Citizen Science: Innovation in Open Science, Society and Policy. London.

Vohland K, Land-Zandstra A, Ceccaroni L, Lemmens R, Perell J, Ponti M, Samson R, Wagenknecht K (2021) The Science of Citizen Science. Springer International Publishing, Cham.

CAPÍTULO 11

A disciplina de solo: a academia está estudando o que a sociedade precisa saber sobre o solo?

Autores: Silvana Munzi[1], Alessandro Coutinho Ramos[2], Inês Ferreira[1], Oriana Rainho Brás[3], Pedro Correia[1], Teresa Dias[1], Cristina Cruz[1]

1 cE3c - Center for Ecology, Evolution and Environmental Changes & CHANGE - Global Change and Sustainability Instituto, Faculdade de Ciências da Universidade de Lisboa, Edifício C2, Piso 5, Sala 2.5.03, Campo Grande, 749-016 Lisboa, Portugal. 2 Laboratório de Microbiologia Ambiental e Biotecnologia (LMAB), Universidade Vila Velha (UVV), Biopráticas, Rua São João, 48, Divino Espírito Santo, 29101-420, Vila Velha, Espírito Santo, Brasil. 3 CSG Social Sciences and Management, ISEG Lisbon School of Economics and Management, University of Lisbon. Rua Miguel Lupi, 20, 1249-078, Lisboa, Portugal.

As contribuições da ciência do solo são cada vez mais reconhecidas na área política como importantes para alcançar o desenvolvimento sustentável, conforme expresso pelos Objetivos de Desenvolvimento Sustentável das Nações Unidas (ONU, 2015) e, mais recentemente, pelo Acordo Verde Europeu (EU-GreenDeal.com). Vários relatórios indicaram os vários caminhos a percorrer para alcançar os objetivos traçados. Por exemplo:

i) O acordo climático CAP 21 incluiu a proposta: "4per1000" destinada a aumentar o teor de matéria orgânica dos solos como uma medida de mitigação da mudança climática (https://www.4p1000.org).

ii) A Convenção das Nações Unidas para Combater a Desertificação defendeu medidas de gestão do solo para combater a desertificação (https://www.unccd. int/publications).

iii) O Painel Internacional de Mudanças Climáticas no relatório sobre Uso da Terra enfatizou a importância da mudança do uso da terra e da gestão específica do solo para mitigação e adaptação climática (IPCC, 2019).

iv) A Plataforma Intergovernamental de Políticas Científicas sobre Biodiversidade e Serviços do ecossistema fez recomendações para combater a degradação do solo (IPBES, 2018).

As Academias Europeias de Ciências exploraram a sustentabilidade do solo em relação a disciplinas específicas para várias formas de uso da terra, conforme apresentado na interpretação tradicional de investigação de solo e esquemas de avaliação de terra. O desafio agora é trabalhar com modeladores em profissões adjacentes, como agronomia, hidrologia, climatologia, ecologia, sociologia e outras áreas que contribuem com dados relevantes sobre o solo e criar parcerias ativas em projetos inter e transdisciplinares que se concentrem cada vez mais adaptados aos desafios dos objetivos do desenvolvimento sustentável. Particularmente preocupantes são os efeitos das mudanças climáticas no uso da terra e na produção agrícola, em que o uso de modelos é essencial e os mapas de solo existentes em nível regional e superior são importantes para mostrar padrões espaciais.

Os objetivos do desenvolvimento sustentável da Organização das Nações Unidas são objetivos globais destinados a enfrentar vários desafios sociais, econômicos e ambientais até 2030. O solo está intimamente ligado a muitos desses objetivos devido ao seu impacto na agricultura, segurança alimentar, biodiversidade, clima e muito mais (Tabela 1).

Nome	Objetivo	Contribuição do solo
1 ERRADICAÇÃO DA POBREZA	Erradicar a pobreza	A saúde do solo e as práticas sustentáveis de gestão da terra são parte integrante dos esforços de redução da pobreza. Ao promover práticas que melhoram a fertilidade do solo, reduz-se a degradação e aumenta-se a produtividade agrícola, contribuindo para criar meios de subsistência mais resilientes e sustentáveis para comunidades em todo o mundo.
2 FOME ZERO E AGRICULTURA SUSTENTÁVEL	Fome zero	Solos saudáveis e férteis são essenciais para a produtividade agrícola e segurança alimentar. Práticas de conservação do solo, gestão adequada de nutrientes e métodos agrícolas sustentáveis contribuem para aumentar o rendimento das culturas e melhorar a nutrição humana e animal.
3 SAÚDE E BEM-ESTAR	Saúde e bem-estar	Solos ricos em nutrientes produzem alimentos mais nutritivos, que são vitais para a saúde humana. A poluição relacionada ao solo pode ter impactos negativos na qualidade da água e, consequentemente, na saúde pública.
4 EDUCAÇÃO DE QUALIDADE	Cidadania responsável	O solo é uma componente essencial da educação ambiental. Educar sobre ciência do solo, saúde do solo e práticas sustentáveis de gestão do solo ajuda a entender o papel crítico que o solo desempenha nos ecossistemas, na agricultura e no meio ambiente.

Nome	Objetivo	Contribuição do solo
5 IGUALDADE DE GÊNERO	Empoderamento das mulheres	Em muitas sociedades, as mulheres são as principais responsáveis pelo trabalho agrícola. Melhorar a fertilidade do solo e adotar práticas sustentáveis pode reduzir o trabalho físico necessário para a agricultura e libertar tempo para as mulheres se envolverem em outras atividades geradoras de rendimento, educação ou envolvimento na comunidade.
6 ÁGUA POTÁVEL E SANEAMENTO	Água potável e saneamento	Solos bem administrados podem atuar como filtros naturais, ajudando a purificar a água à medida que ela se move pelo perfil do solo. Por outro lado, a erosão e a contaminação, do solo podem contribuir para a poluição da água.
7 ENERGIA LIMPA E ACESSÍVEL	Bioenergia	O solo é essencial para o crescimento da biomassa, que pode ser utilizada como matéria-prima para a produção de bioenergia. Culturas como a colza e cana-de-açúcar podem ser cultivadas em terras agrícolas para produzir biocombustíveis, como bioetanol e biodiesel, contribuindo para fontes de energia renováveis. Certas árvores e produtos da limpeza das florestas podem ser usados para a produção de bioenergia.
8 TRABALHO DECENTE E CRESCIMENTO ECONÔMICO	Subsistência agrícola	Muitas pessoas nos países em desenvolvimento dependem da agricultura para a sua subsistência. Solos saudáveis e produtivos são essenciais para garantir colheitas adequadas e produção de alimentos. Ao promover práticas sustentáveis de gestão do solo, como rotação de culturas, agricultura orgânica e agrossilvicultura, os agricultores podem aumentar o seu rendimento e reduzir o risco de quebra de colheitas, contribuindo para a redução da pobreza.
9 INDÚSTRIA, INOVAÇÃO E INFRAESTRUTURA	Infraestruturas	O desenvolvimento urbano requer consideração cuidadosa das características do solo para garantir que os projetos de infraestrutura sejam sustentáveis. O solo pode desempenhar um papel na infraestrutura de gestão de resíduos. Os aterros sanitários adequadamente projetados usam camadas de solo para conter os resíduos e minimizar a contaminação ambiental. As inovações nas técnicas de gestão do solo, como a bioengenharia do solo e tecnologias resistentes à erosão, contribuem para o desenvolvimento de infraestrutura sustentável e resiliência contra riscos naturais.
10 REDUÇÃO DAS DESIGUALDADES	Melhorar o nível de vida dos mais desfavorecidos	Muitas comunidades indígenas e locais dependem do conhecimento tradicional para a gestão sustentável do solo e da terra. Reconhecer e integrar os seus conhecimentos pode promover a equidade social e preservar o património cultural. Envolver comunidades marginalizadas nas decisões sobre manejo e uso da terra pode fortalecê-las e reduzir as desigualdades no acesso a recursos e benefícios. Práticas sustentáveis de gestão do solo podem criar oportunidades econômicas além da agricultura, como ecoturismo, agroecoturismo e produtos florestais não madeireiros. Essas oportunidades podem beneficiar comunidades marginalizadas e reduzir as disparidades econômicas.
11 CIDADES E COMUNIDADES SUSTENTÁVEIS	Cidades e comunidades sustentáveis	A agricultura urbana, que depende de solos saudáveis, pode contribuir para a produção local de alimentos e a resiliência da comunidade. A gestão adequada do solo em áreas urbanas pode reduzir a erosão e promover espaços verdes.

Nome	Objetivo	Contribuição do solo
12 CONSUMO E PRODUÇÃO RESPONSÁVEIS	Consumo e produção responsáveis	Práticas sustentáveis de gestão do solo, como redução de insumos químicos e adoção da agricultura orgânica, contribuem para métodos de produção responsáveis que minimizam os impactos ambientais negativos.
13 AÇÃO CONTRA A MUDANÇA GLOBAL DO CLIMA	Ação climática	O solo é um importante reservatório de carbono. Melhorar a saúde do solo por meio de práticas como agrossilvicultura, cultivo de cobertura e agricultura de plantio direto pode aumentar o sequestro de carbono e mitigar as mudanças climáticas.
14 VIDA NA ÁGUA	Combate à eutrofização	A erosão do solo pode resultar na sedimentação de corpos de água, o que afeta negativamente os ecossistemas aquáticos. O excesso de nutrientes, como nitrogênio e fósforo pode ser escoado dos solos para as águas causando eutrofização, esgotamento do oxigênio, proliferação de algas nocivas, degradação do habitat aquático e poluição.
15 VIDA TERRESTRE	Vida terrestre	Solos saudáveis sustentam diversos ecossistemas e habitats. A conservação do solo ajuda a prevenir a degradação e perda do solo, o que pode ter impactos prejudiciais a jusante nos ecossistemas aquáticos.
16 PAZ, JUSTIÇA E INSTITUIÇÕES EFICAZES	Segurança	Práticas sustentáveis de gestão de terras e instituições fortes desempenham um papel vital na prevenção de conflitos, promoção da justiça e garantia de alocação estável de recursos. Ao abordar questões relacionadas aos direitos à terra, gestão sustentável de recursos e acesso equitativo aos recursos, as iniciativas relacionadas ao solo contribuem para a construção de sociedades pacíficas. A fertilidade dos solos contribui para a segurança alimentar que é uma das principais bases para a paz.
17 PARCERIAS E MEIOS DE IMPLEMENTAÇÃO	Parcerias para os objetivos	A colaboração entre governos, academia, indústria e sociedade civil é essencial para a implementação de estratégias eficazes de conservação e manejo do solo. No geral, o solo é um recurso crítico que sustenta muitos aspectos do desenvolvimento sustentável, desde a produção de alimentos até à proteção ambiental.

Se é claro que o conhecimento sobre o solo pode contribuir para cada um dos objetivos sustentáveis definidos pela Organização Mundial das Nações Unidas, para que esse potencial se concretize é necessário que a pesquisa realizada seja feita de forma integrativa e multidisciplinar utilizando um processo de cocriação de conhecimento entre as várias disciplinas envolvidas. Será que é isso que estamos fazendo? Um estudo das publicações sobre o solo indexadas no Easy web of knowledge, Google e Scopus, com fator de impacto e publicadas entre 2015 e 2022 mostra que questões prementes e emergentes sobre o solo como água, contaminação, características ecológicas, fertilidade ou a capacidade de sequestro de carbono são abordadas em clusters de forma quase independente (Figura 1).

Neste contexto é importante refletir se não faria sentido proteger os solos, que são parte da natureza, como protegemos a natureza de forma integrada e coerente? Faria sentido falar em uma disciplina europeia de solos? Seria a criação dessa disciplina a forma de distinguir e dignificar o ensino do solo criando um centro de excelência que contribua para o avanço do conhecimento, promovendo práticas sustentáveis de gestão do solo e educando as futuras gerações em cientistas do solo?

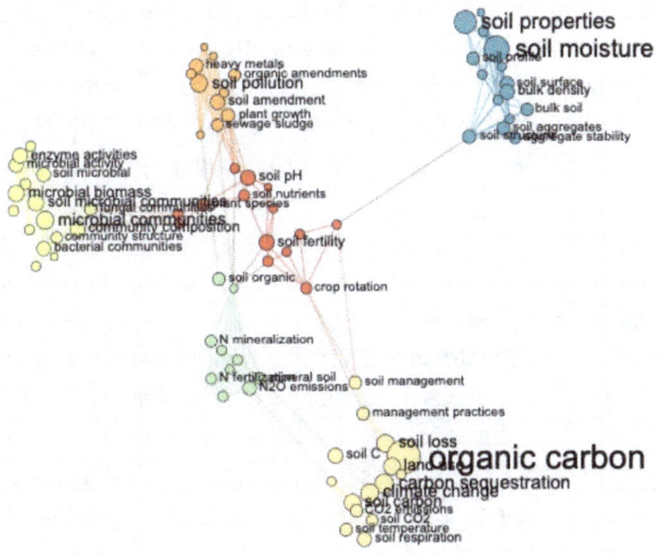

Figura 1: Mapas temáticos da investigação sobre solo na União Europeia no período 2015-2022. Foram considerados 15 000 artigos publicados em revistas com fator de impacto e tendo como área de investigação o solo. (Adaptado de Brás 2022; comunicação pessoal)

O desenho dos currículos de ciência do solo em instituições académicas desempenha um papel crucial na atratividade para os jovens e na adequação da formação oferecida às necessidades do mercado de trabalho. Se o currículo for abrangente, atualizado e alinhado com os últimos avanços na ciência do solo, é mais provável que atenda efetivamente às necessidades dos alunos e da indústria. No entanto, a experiência e a visão dos membros do corpo docente que ensinam cursos de ciência do solo é essencial para criar perspectivas mais integradoras e instrumentais que permitam identificar os grandes desafios que a ciência do solo vai ter que responder nos próximos anos e quais as abordagens a serem utilizadas. É importante ter presente que a ciência do solo é um campo multidisciplinar. A educação eficaz deve abranger não apenas física, química e biologia do solo, mas também conectar a ciência do solo com outras disciplinas como agronomia, ecologia, geologia, ciências ambientais, sociais e políticas. O estudo do solo é uma área em que os vários tipos de conhecimento (empírico e científico) devem coexistir e onde a experiência prática, como trabalho de campo, análise de laboratório e projetos de pesquisa são cruciais. E para isso os alunos devem ter oportunidades para aplicar o conhecimento teórico em cenários do mundo real.

Uma "disciplina de solo" forte deve contribuir para investigar questões urgentes relacionadas com o solo, desde a gestão de nutrientes e degradação do solo até aos impactos das mudanças climáticas. As instituições acadêmicas precisam promover uma cultura de inovação no ensino e na investigação desses temas. Inovação essa que deve passar pela colaboração com a indústria e a agricultura. A colaboração com as indústrias agrícolas e ambientais ajuda a garantir que os programas acadêmicos estejam alinhados com as necessidades práticas e os desafios atuais.

Também é importante considerar que a ciência do solo é um campo em evolução, com novos focos e tecnologias emergentes, assim, a academia deve ser proativa na integração dessas tendências numa perspectiva de conservação e sustentabilidade sem esquecer as perspectivas globais e locais, pois as questões relacionadas com o solo variam com base na localização geográfica e contextos culturais.

A educação eficaz em ciência do solo, mais do que em qualquer outra área, vai muito além das salas de aula formais. As instituições acadêmicas devem envolver-se em atividades de extensão para compartilhar conhecimentos e resultados de pesquisas com agricultores, formuladores de políticas e o público em geral. A colaboração de educadores, pesquisadores, especialistas da indústria e formuladores de políticas é essencial para garantir que a academia ensine efetivamente o que é necessário sobre o solo para enfrentar os desafios de hoje e de amanhã.

Referências

Amador JA (2019) Active Learning Approaches to Teaching Soil Science at the College Level. Front. Environ. Sci. 7:111. doi: 10.3389/fenvs.2019.00111

CAPÍTULO 12

Qual o valor cultural do solo?

Autores: SIlvana Munzi[1], Ana Maria Ventura[1], Juliana Melo[1],
Inês Ferreira[1], Teresa Dias[1], Cristina Cruz[1]

*1 cE3c - Center for Ecology, Evolution and Environmental Changes & CHANGE - Global Change and
Sustainability Instituto, Faculdade de Ciências da Universidade de Lisboa, Edifício C2, Piso 5, Sala 2.5.03,
Campo Grande, 749-016 Lisboa, Portugal. 2 Universidade de VilaVelha, Espírito Santo, Brasil*

O solo e as pessoas estão intrinsecamente ligados. De fato, a raiz latina da palavra humano é semelhante à raiz da palavra húmus e significa terra. O solo toca a vida das pessoas de várias maneiras, inclusive servindo como fonte de alimentos e roupas, e por seus serviços ecológicos, como fornecer a água potável. As pessoas reconhecem a importância do solo desde os tempos antigos e o solo encontrou o seu caminho em muitas referências culturais. Além disso, muitas religiões têm referências ao solo e muitas sentem uma conexão espiritual com a terra e a Terra. O solo também encontrou seu caminho na arte e na literatura, muitas vezes vistos como reflexos da sociedade. Curiosamente, as placas de argila estavam entre as primeiras superfícies portáteis de escrita e pintura usadas. Os minerais coloridos do solo inspiraram obras de arte e foram usados como corantes e tintas.

Quando o solo é mencionado em canções e poemas, geralmente segue um de dois caminhos. O solo pode ser discutido como uma metáfora para alguma parte do ciclo da vida, semelhante à sua referência na oração comum, "do pó ao pó". No álbum de Johnny Cash, Songs of our Soil, quase todas as canções são sobre a morte. O outro tema comum do solo é em referência ao trabalho, com a palavra 'trabalho' sendo frequentemente usada como rima para o solo. Isso certamente faz referência à vida difícil vivida por aqueles que trabalham no solo. No entanto, quando a terra ou o solo são mencionados, geralmente é com um significado orgulhoso de lar. Existem alguns romances com solo ou eventos relacionados ao solo como foco central. Um dos eventos de solo mais significativos na história dos Estados Unidos foi a extensa erosão do solo, a causa da era Dust Bowl. Obras fictícias, como Grapes of Wrath, de John Steinbeck, e não-ficção, como The Worst Hard Time, de Timothy Egan, contam histórias de pessoas que viveram esse evento. Embora existam obras de ficção e não-ficção com foco no solo e a necessidade de sua conservação, personagens que entendem o solo também foram usados em muitos romances de mistério, como os de Sherlock Holmes e a série Temperance Brennan, que também se tornaram filmes e/ou programas de televisão. Esses personagens usam solos encontrados nas vítimas ou perto delas para rastrear as causas da morte e o provável assassino.

Solos na História O solo também teve influência na formação da história. Por volta de 3000 aC, os sumérios construíram grandes cidades nos desertos do sul da Mesopotâmia (agora principalmente Iraque). Usando a irrigação, eles cultivaram os solos do deserto e criaram grandes excedentes de alimentos que tornaram possível sua civilização. Mas por volta de 2200 aC, a civilização entrou em colapso. Os cientistas debatem o porquê, mas uma razão pode estar ligada ao solo. A irrigação em climas secos pode causar acúmulo de sal, um processo chamado salinização. A poeira e a lama provaram ser significativas em batalhas desde a história antiga até os tempos modernos, embora o solo não seja frequentemente notado na estratégia de batalha. No entanto, suas propriedades foram críticas para certas batalhas. Exemplos podem ser vistos na batalha de Agincourt (1415), quando os campos ao longo da linha de frente inglesa se transformaram em lama devido às fortes chuvas, à guerra de trincheiras durante a Primeira Guerra Mundial e à presença de poeira à medida que as tropas e equipamentos avançavam. À medida que as lutas continuam no Oriente Médio, muitos exércitos descobriram que os tanques e outros equipamentos diminuíram a vida útil nessas condições de poeira. Muitos fatores influenciam a decisão do destino de uma batalha e determinam o curso da política. O solo pode ser um fator. A enorme erosão do solo do Dust Bowl trouxe novas políticas e organizações ambientais no governo dos EUA. O que conhecemos hoje como Serviço de Conservação de Recursos Naturais do USDA começou como Serviço de Conservação do Solo após esses eventos. O solo influenciou o curso da história e também fornece pistas sobre o que aconteceu antes dos registros modernos. Arqueólogos e cientistas do solo trabalham juntos para interpretar as informações contidas nos solos. Novos depósitos de material de origem levam tempo para se desenvolver no solo. Ao estudar o grau de desenvolvimento do solo que enterra um sítio arqueológico, os cientistas podem determinar há quanto tempo o local foi enterrado. Em alguns casos, os cientistas do solo sabem quando um tipo de material original foi depositado; por exemplo, não houve nenhuma nova glaciação até a última era glacial. Em outros casos, saber a idade da civilização ajuda a determinar quando ocorreu o depósito. Isso pode ser útil para datar eventos vulcânicos que soterraram cidades. Campos agrícolas antigos também contêm pistas sobre o tipo de práticas de manejo agrícola que eram usadas e os tipos de culturas que eram cultivadas. Esses detalhes podem nos dizer o quão bem uma sociedade se alimentava. Continuamos a deixar nossa pegada de maneira semelhante para as gerações futuras estudarem.

O valor cultural do solo refere-se ao significado que o solo possui em várias culturas, sociedades e comunidades. Esse valor engloba as crenças, tradições, práticas e significados simbólicos atribuídos ao solo por diferentes grupos de pessoas. O solo desempenhou um papel crucial na formação das civilizações humanas ao longo da história, e sua importância cultural pode ser vista em vários aspectos como: Tradições Agrícolas: Muitas culturas têm tradições agrícolas profundamente enraizadas que giram em torno do cultivo do solo. O solo tem sido a base da produção de alimentos e sustento para as sociedades em todo o mundo. Antigas práticas agrícolas, festivais agrícolas e rituais geralmente refletem a conexão cultural com a terra e sua fertilidade. Significado espiritual e religioso: O solo geralmente tem importância espiritual ou religiosa em muitas culturas. É visto como a fonte da vida e o meio que nutre as plantas, que por sua vez sustentam todos os seres vivos. Em algumas culturas, o solo é reverenciado como um elemento sagrado, e os rituais relacionados ao plantio, colheita e manejo da terra são impregnados de significado espiritual. Conhecimento e Sabedoria Tradicionais: As comunidades indígenas e locais muitas vezes possuem conhecimento intrincado sobre seus solos locais, incluindo suas propriedades, usos e técnicas de manejo. Este conhecimento tradicional é transmitido de geração em geração e reflete a profunda ligação entre as pessoas e a sua terra. Arte e Criatividade: O solo e os materiais terrosos têm sido usados como meios artísticos há séculos. Cerâmica, esculturas e outras formas de arte tradicionais geralmente incorporam solo e argila, refletindo a estética cultural e as expressões criativas de uma sociedade. Marcos e Paisagens: O solo pode moldar as paisagens físicas das regiões, contribuindo para a identidade única de um lugar. Marcos culturais, sítios históricos e recursos naturais podem ser vinculados às características específicas do solo e à maneira como ele influenciou o assentamento humano, a arquitetura e o uso da terra. Narrativas Culturais e Folclore: Histórias, mitos e contos populares de várias culturas geralmente envolvem o solo e seu significado na vida das pessoas. Essas narrativas podem destacar a relação entre os humanos, a natureza e a terra, enfatizando valores como mordomia, respeito e harmonia. Cerimônias e celebrações: Eventos relacionados ao solo, como cerimônias de plantio, festivais de colheita e iniciativas de conservação do solo, podem ser encontros culturais importantes que reforçam os laços comunitários e os valores compartilhados relacionados à terra. Patrimônio e Identidade: O solo pode fazer parte do patrimônio e da identidade cultural. Pode estar associado a terras ancestrais, práticas agrícolas tradicionais e à história da relação de uma comunidade com a terra. Usos etnobotânicos: Muitas culturas usaram o solo para fins medicinais, cosméticos e práticos. As práticas tradicionais de cura geralmente envolvem o uso de substâncias à base de solo para seus benefícios à saúde percebidos. Paisagismo Cultural: Projetos de jardins tradicionais, práticas de manejo da terra e estilos arquitetônicos são muitas vezes moldados pelas condições locais do solo. Esses aspectos contribuem para a estética cultural e o caráter visual de um lugar. No geral, o valor cultural do solo está interligado com as relações mais amplas que os seres humanos têm com o meio ambiente. É um conceito multidimensional que reflete a complexa interação entre natureza, sociedade e identidade cultural.

Utilização do solo como meio cultural

A utilização cultural do solo como meio expressivo, por ex. como pigmento (Ugolini 2010), material escultórico ou estrutural, é anterior à sua apropriação para a agricultura. Embora os usos estéticos do solo possam ser identificados ao longo da história humana, a ascensão da agricultura industrial combinada com uma mudança demográfica global das populações de áreas rurais para urbanas diminuiu a interação cotidiana com o solo para a maioria dos membros da sociedade moderna. A imagem e a identidade do solo são reduzidas à sujeira. Apesar dessa falta de valorização, a conservação atual do solo depende quase exclusivamente dos princípios científicos do solo. Ao fazê-lo, negligencia-se valores e estratégias culturais, que poderiam melhorar a percepção humana e também a recuperação do solo. Nos últimos anos, várias publicações abordaram esta questão, encorajando uma integração mais forte da ciência do solo na educação desde o jardim de infância até à universidade, melhores ferramentas de referência pública, consideração de questões sociais e pesquisa cultural e a introdução da arte como ferramenta de comunicação ambiental e conscientização.

Enquanto a pesquisa científica fornece aos legisladores e partes interessadas análises numéricas e prognósticos de especialistas, a arte desempenha um papel vital na comunicação de questões ambientais para o público em geral. Como a arte é um formato experimental livre, onde as ideias podem ser testadas de forma independente e crítica, antes de acabar nos meios de comunicação convencionais, a arte pode ser vista como um indicador de mudanças nos valores ou normas culturais. Se considerarmos a arte não apenas como indicador cultural, mas também como instrumento, que pode ser planejado e integrado no espaço público e na cultura urbana, podemos considerar a arte como um recurso ou serviço de comunicação e conservação ambiental. A importância da arte em campos científicos como tecnologia da informação e comunicação, robótica e ciência dos materiais é refletida em festivais de arte como o Ars Electronica em Linz, Áustria e o Transmediale em Berlim, Alemanha. No entanto, uma lacuna de informação parece persistir entre a arte ambiental e a ciência ambiental. Wilson (2002a) sugeriu que arte e ciência operam como deveres culturais que se cruzam. "Preencher a lacuna de comunicação" é, portanto, visto como um dever cultural de cientistas e artistas que trabalham com o solo, a fim de melhorar a conscientização pública e alcançar uma abordagem mais ampla para a conservação do solo. O cultivo de parcerias profissionais de pesquisa também é necessário para uma transferência precisa de conhecimento entre disciplinas científicas e artísticas. Organizações como a Leonardo International Society for the Arts, Sciences and Technology (ISAST), Art and Science Collaborations Inc. (ASCI) e o Arts and Ecology Program da Royal Society for the Arts tentam preencher essa lacuna.

Um exemplo é o da artista Evgenia Emets (Figura 1), e a sua residência artística no Centro de Ecologia, Evolução e Alterações ambientais.

Figura 1: "Time pressure" uma obra da artista Evgenia Emets inspirada na floresta e no solo.

Fonte: http://www.evgeniaemets.vision/p/about.html.

Referências

Ugolini F (2010) Soil Colors, Pigments and Clays in Paintings. In 'Soil and Culture'. (Eds Feller, Landa) pp. 67- 82. (Springer Science + Business Media B.V.: Dordrecht, Heidelberg, London and New York).

Wilson S (2002*a*). Art and Science as Cultural Acts: Similarities and Differences between Science and Art. In 'Information Arts: Intersections of Art, Science, and Technology'. (Ed Wilson) pp. 18-20. (MIT Press: Cambridge, MA)

Artistas e organizações

AMD and ART: http://www.amdandart.info

Art and Science Collaborations Inc. (ASCI): http://www.asci.org/

Beier, Betty: http://www.erdschollenarchiv.de/

Beuys, Joseph: http://www.beuys.org/

Bingham, Bob: http://artscool.cfa.cmu.edu/~bingham/index.html

Carnegie Mellon University Studio for Creative Inquiry: http://www.cmu.edu/studio/index.html

Chin, Mel: http://www.haussite.net/site.html

Collins, Tim and Goto, Reiko: http://collinsandgoto.com/

De Maria, Walter, New York Earth Room: http://www.earthroom.org/

Denes, Agnes: http://greenmuseum.org/content/artist_index/artist_id-63.html

Dietzler, Georg (in greenmuseum archive): http://greenmuseum.org/artist_index.php?artist_id=33

Eco Art Space: http://ecoartspace.blogspot.com/

Evgenia Emets: http://www.evgeniaemets.vision/p/about.html

Green Museum: http://www.greenmuseum.org/

Greve, Marianne: http://www.eine-erde-altar.net/

Harrison, Newton and Helen Mayer: http://www.theharrisonstudio.net/

Heizer, Michael: http://www.diacenter.org, and http://doublenegative.tarasen.net/

Leonardo and International Society for the Arts, Sciences and Technology (ISAST): http://www.leonardo.info/ Levy, Stacy: http://www.stacylevy.com/

Mendieta, Ana (in Guggenheim Online): http://www.guggenheim.org/artscurriculum/lessons/movpics_mendieta.php Montag, Daro: http://www.purdyhicks.com/dm_images_1.htm

Morris, Robert: http://www.guggenheimcollection.org/site/artist_bio_115.html Nine Mile

Run Watershed Association: http://www.ninemilerun.org/ RSA Arts and Ecology

Programme: http://www.thersa.org/arts/

Simonds, Charles (in Walker Art Center Resources): http://collections.walkerart.org/item/agent/509 Smithson, Robert: http://www.robertsmithson.com

Soil and Art Online Platform of the TU-Berlin Dept. of Soil Protection: www.soilarts.org

Sonfist, Alan: http://www.alansonfist.com

Zakai, Shai: http://www.eco-art.co.il/cv.asp?CL=ENG

Editores

Cristina Cruz

Obteve seu doutorado em Ecologia e Sistemática Vegetal em 1994 e desde então tem sido Professora Auxiliar na Faculdade de Ciências da Universidade de Lisboa, e pesquisadora no cE3c - Centro de Ecologia, Evolução e Alterações Ambientais e no CHANGE - Instituto para as Mudanças Globais e Sustentabilidade da Faculdade de Ciências da Universidade de Lisboa. A sua pesquisa é focada na ecologia da interação entre planta e solo tendo como referencial o conceito "uma saúde, um planeta". Cristina Cruz trabalha na ecologia microbiana do solo, com particular enfoque em fungos e bactérias, mas também em outra biodiversidade do solo e nos seus impactos na funcionalidade do solo e nos serviços do ecossistema. Além disso, estuda a distribuição e função dos organismos do solo e os seus efeitos no desempenho das plantas em estudos experimentais a nível de campo com o objetivo de estabelecer o nexo entre a gestão e a saúde do solo. A maior parte dos seus esforços de pesquisa tem sido dedicada à utilização de comunidades microbianas sintéticas para a recuperação do solo e a mitigação da pegada agrícola. Cristina Cruz vê o solo como uma força regenerativa do ecossistema e como um sistema de suporte à vida cujo estudo deve ser feito através de abordagens multidisciplinares integrando mecanismos de cocriação entre os distintos atores.

Teresa Dias

Licenciou-se em Biologia Vegetal Aplicada pela Faculdade de Ciências da Universidade de Lisboa (Ciências) em 2002. Em 2012 obteve seu doutorado em Biologia (especialidade de Ecofisiologia) pela mesma Universidade. Atualmente, é pesquisadora em Ciências, no Departamento de Biologia Vegetal, no Centro de Ecologia, Evolução e Alterações Ambientais (cE3c) e no CHANGE – Global Change and Sustainability Institute. Tem desenvolvido trabalhos na área da ecologia terrestre (plantas e microrganismos) e da biodiversidade (taxonômica e funcional) tendo sempre o solo como base. Embora o funcionamento e os serviços dos ecossistemas terrestres dependam (direta e indiretamente) do solo, este é um capital natural estratégico que continua a ser ignorado, degradado, e o seu potencial sub-explorado. Assim, Teresa Dias procura aplicar os conhecimentos adquiridos na busca do nexo entre diversidade e funcionalidade, com a ambição de entender as relações simbióticas que estruturam os ecossistemas terrestres. Ao longo do seu percurso (acadêmico e de vida) tem contribuído ativamente na construção de uma rede de colaborações integradora, criativa e diversa na visão da ciência, nos saberes e nas estratégias, que atua com base num processo cognitivo, colaborativo e cocriativo. Integra uma equipe que ambiciona entender os mecanismos da sustentabilidade e da resiliência ecológicas à escala do que é demasiado pequeno ou demasiado grande para ser visto, e colocar esse conhecimento ao serviço da sociedade.

Alessandro Coutinho Ramos

Possui graduação em Agronomia pela Universidade Federal de Viçosa (UFV), mestrado e doutorado em Produção Vegetal pela Universidade Estadual do Norte Fluminense Darcy Ribeiro (UENF), com período de doutorado sanduíche, como bolsista Capes, e pós-doutorado em Portugal no Instituto Gulbenkian de Ciência (IGC), com bolsa da Fundação para a Ciência e Tecnologia (FCT). Durante o pós-doutorado, atuou como professor substituto na Faculdade de Ciências da Universidade de Lisboa e permanece como Colaborador Externo no Centro de Ecologia, Evolução e Mudanças Ambientais (cE3c). Tem experiência na área de agronomia, biologia e inovação acadêmica, com ênfase em microbiologia e bioquímica do solo, ecofisiologia e bioenergética da interação planta-microrganismos e em processos de inovação acadêmica incluindo pré-incubação e aceleração. Atua nas seguintes linhas de pesquisa: 1. Bioenergética e ionoma de simbioses; 2. Biotecnologia de micorrizas; 3. Ecofisiologia da interação entre plantas e microrganismos simbiontes, 4. Biorremediação e respostas globais na fisiologia de plantas à metais no solo; 5. Biodesign de microrganismos promotores do crescimento vegetal. 6. Geração de startups e spin-offs acadêmicas com foco em pesquisas de programas de pós-graduação e graduação. Atualmente na Universidade Vila Velha (UVV), é Professor Titular, Diretor de Pesquisa e Pós-Graduação, Head do Laboratório de Microbiologia Ambiental e Biotecnologia, e credenciado como docente permanente no Programa de Pós-Graduação em Biotecnologia Vegetal (PPGBV).

Colaboradores

Alessandro Ramos

Laboratório de Microbiologia Ambiental e Biotecnologia (LMAB), Universidade Vila Velha (UVV), Biopráticas, Rua São João, 48, Divino Espírito Santo, 29101-420, Vila Velha, Espírito Santo, Brasil.

Amanda Azevedo Bertolazi

Laboratório de Microbiologia Ambiental e Biotecnologia (LMAB), Universidade Vila Velha (UVV), Biopráticas, Rua São João, 48, Divino Espírito Santo, 29101-420, Vila Velha, Espírito Santo, Brasil.

Ana Maria Ventura

cE3c - Center for Ecology, Evolution and Environmental Changes & CHANGE - Global Change and Sustainability Instituto, Faculdade de Ciências da Universidade de Lisboa, Edifício C2, Piso 5, Sala 2.5.03, Campo Grande, 749-016 Lisboa, Portugal.

Solutopus Recursos e Desenvolvimento Lda., Rua da Fábrica 10-12, Roncão. 7540-515 São Francisco da Serra, Portugal.

Francisco Basílio

cE3c - Center for Ecology, Evolution and Environmental Changes & CHANGE - Global Change and Sustainability Instituto, Faculdade de Ciências da Universidade de Lisboa, Edifício C2, Piso 5, Sala 2.5.03, Campo Grande, 749-016 Lisboa, Portugal.

Inês Ferreira

cE3c - Center for Ecology, Evolution and Environmental Changes & CHANGE - Global Change and Sustainability Instituto, Faculdade de Ciências da Universidade de Lisboa, Edifício C2, Piso 5, Sala 2.5.03, Campo Grande, 749-016 Lisboa, Portugal.

Javier Roales

Departamento de Sistemas Físicos, Químicos y Naturales, Universidad Pablo de Olavide, Ctra, Seville, Spain.

cE3c - Center for Ecology, Evolution and Environmental Changes & CHANGE - Global Change and Sustainability Instituto, Faculdade de Ciências da Universidade de Lisboa, Edifício C2, Piso 5, Sala 2.5.03, Campo Grande, 749-016, Lisboa, Portugal.

Juliana Melo

cE3c - Center for Ecology, Evolution and Environmental Changes & CHANGE - Global Change and Sustainability Instituto, Faculdade de Ciências da Universidade de Lisboa, Edifício C2, Piso 5, Sala 2.5.03, Campo Grande, 749-016 Lisboa, Portugal.

Soilvitae, limitada. Rua Espiríto Santo, nº 18. Idanha-A-Nova. 6060-071 Idanha-A-Nova. Portugal.

Lourdes Mourillas

Department of Plant Biology and Ecology, University of Sevilla, C/Professor García González s/n, Sevilla, Spain

cE3c - Center for Ecology, Evolution and Environmental Changes & CHANGE - Global Change and Sustainability Instituto, Faculdade de Ciências da Universidade de Lisboa, Edifício C2, Piso 5, Sala 2.5.03, Campo Grande, 749-016, Lisboa, Portugal.

Lucas Zanchetta Passamani

FAESA Centro Universitário, Av. Vitoria, 2220, Monte Belo, 29053-360, Vitoria, Espírito Santo, Brasil.

Oriana Rainho Brás

CSG Social Sciences and Management, ISEG Lisbon School of Economics and Management, University of Lisbon. Rua Miguel Lupi, 20, 1249-078 Lisboa, Portugal.

Pedro Correia

cE3c - Center for Ecology, Evolution and Environmental Changes & CHANGE - Global Change and Sustainability Instituto, Faculdade de Ciências da Universidade de Lisboa, Edifício C2, Piso 5, Sala 2.5.03, Campo Grande, 749-016 Lisboa, Portugal.

Silvana Munzi

Project Manager at Centro Interuniversitário de História das Ciências e da Tecnologia, Faculdade de Ciências da Universidade de Lisboa, Edifício C4, Piso 3, sala 4.3.09, Campo Grande, 1749-016 Lisboa, Portugal.

cE3c - Center for Ecology, Evolution and Environmental Changes & CHANGE - Global Change and Sustainability Instituto, Faculdade de Ciências da Universidade de Lisboa, Edifício C2, Piso 5, Sala 2.5.03, Campo Grande, 749-016 Lisboa, Portugal.